数控车床编程与加工

周 吉 金超焕 张 敏 主 编

科 学 出 版 社

北 京

内 容 简 介

本书内容丰富、结构合理，将数控加工工艺和编程紧密结合，既兼顾编程知识的完整性和实用性，又着重体现对学生编程技能和操作技能的培养。

本书主要内容包括数控车床程序编制、外轮廓循环编程及加工实例详解、内轮廓循环编程及加工实例详解、槽类切削编程及加工实例详解、螺纹零件编程及加工实例详解、宏程序编程及加工实例详解、中级职业技能鉴定应会试题。

本书可作为职业院校机电类（如机电一体化技术、数控技术、计算机辅助设计与制造、模具设计与制造等）专业的教材，也可作为初、中级工程技术人员的数控培训教材和参考用书。

图书在版编目(CIP)数据

数控车床编程与加工/周吉，金超焕，张敏主编. —北京：科学出版社，2022.8

ISBN 978-7-03-072608-7

Ⅰ. ①数… Ⅱ. ①周… ②金… ③张… Ⅲ. ①数控机床－车床－程序设计－职业教育－教材②数控机床－车床－加工工艺－职业教育－教材 Ⅳ. ①TG519.1

中国版本图书馆 CIP 数据核字（2022）第 108406 号

责任编辑：杨 昕 冯 涛 徐爱基 / 责任校对：王万红
责任印制：吕春珉 / 封面设计：东方人华平面设计部

科学出版社 出版
北京东黄城根北街 16 号
邮政编码：100717
http://www.sciencep.com

北京鑫丰华彩印有限公司印刷
科学出版社发行 各地新华书店经销
*
2022 年 8 月第 一 版 开本：787×1092 1/16
2022 年 8 月第一次印刷 印张：13 1/2
字数：320 000

定价：45.00 元

（如有印装质量问题，我社负责调换〈鑫丰华〉）
销售部电话 010-62136230 编辑部电话 010-62135319-2032

前 言

数控技术是根据产品加工要求，采用专用的电子数字计算机（或称数控装置），以数码的形式对机械加工过程进行信息处理与控制，从而达到生产过程自动化的一门综合性技术。采用数控技术控制机械加工过程的机床，称为数控机床，数控车床是使用较广泛的数控机床之一。数控车床编程是指在数控加工领域内，给数控车床输入特定的指令，使其完成特定轨迹或者特定形状的加工。

本书参考数控车床操作工职业资格标准，紧紧围绕“以企业需求为导向，以职业能力为核心”的编写理念进行编写。在内容编排上，根据生产实际的需要，将专业知识学习与技能培养有机整合，形成鲜明的职业特色。同时坚持“工学结合”理念，紧密联系生产实际，以各加工工艺的具体环节展开，包括轮廓切削编程、槽类切削编程、螺纹零件编程与异形曲线编程等内容，将理论知识与实践技能进行有机整合，开展一体化教学。

本书的内容符合职业学校学生的认知规律，全书共设七章，第 1 章是基础知识，第 7 章详解中级职业技能鉴定应会试题，第 2～6 章按照加工实例图样、材料和工量具清单、加工工艺分析卡、加工程序、评分标准、拓展与练习的结构层次展开。本书选用广泛使用的 FANUC 数控系统作为编程与车床操作的教学载体。

本书由临海市中等职业技术学校周吉、金超焕、张敏任主编。具体编写分工如下：周吉编写前言、第 1、4、5 章，张敏编写第 2、7 章，金超焕编写第 3、6 章。在编写过程中，编者参阅了国内外出版的有关教材和资料，得到了浙江工业职业技术学院机械工程学院何财林和叶海见的指导，在此一并表示衷心感谢。

由于编者水平有限，书中不妥之处在所难免，恳请读者批评指正。

目 录

第 1 章　数控车床程序编制

学习要点

1）了解数控车床的概念、种类、结构以及数控系统的分类。
2）了解数控车床坐标系统以及工件坐标系统的建立，熟悉数控车床的编程特点。
3）了解数控车床的基本指令，熟悉数控车削固定循环指令的应用。

技能目标

1）会对数控车床进行日常维护和保养。
2）会选择数控车削加工常用的刀具以及匹配的工具系统。
3）会根据零件加工工序要求，合理选择工装夹具。
4）能进行数控加工的程序编制。

1.1　程序编制基础

1.1.1　数控车床的工作原理及组成

数字控制车床是由电子计算机控制的、具有广泛通用性和较大灵活性的高度自动化车床，简称数控车床。它将加工过程中所需的各种操作和步骤，用数字化的代码来表示，通过控制介质将数字信息输入专用的计算机，然后由计算机对输入的信息进行处理与运算，进而发出各种指令来控制车床的伺服系统或其他执行机构，使车床自动加工出符合要求的工件。数控车床与其他普通车床的一个显著区别在于，当加工对象改变时，只需要重新装夹工件和输入新的程序，不需要对车床做任何调整。

使用数控车床加工轴类、套类、盘类等回转体零件，能够自动完成内外圆柱面、锥面、圆弧、螺纹等工序的切削加工，并能进行切槽、钻孔、扩孔、铰孔等加工。

数控车床一般由输入/输出设备、计算机数字控制（computer numerical control，CNC）装置（或称 CNC 单元）、伺服单元、驱动装置（或称执行机构）、可编程逻辑控制器（programmable logic controller，PLC）及电气控制装置、辅助装置、机床本体、测量反馈装置等组成。图 1-1-1 所示为数控车床的加工流程图，图 1-1-2 所示为数控车床的外观图。

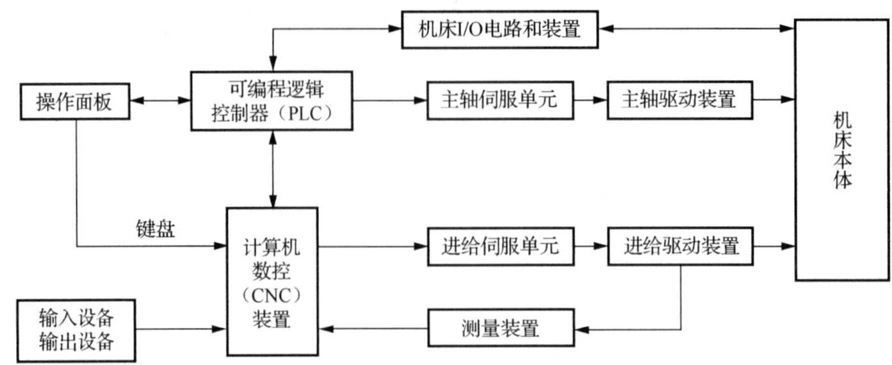

图 1-1-1　数控车床的加工流程图

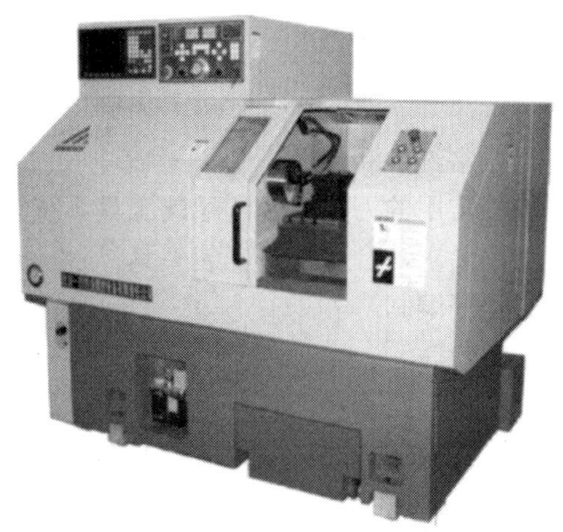

图 1-1-2　数控车床的外观图

1．机床本体

机床本体即数控车床的机械部件，包括主运动部件、进给运动执行部件等。对于加工中心类的数控车床，还有存放刀具的刀库、交换刀具的机械手等部件。数控车床机械部件的组成与普通车床相似，但是对传动结构的要求更简单，在精度、刚度、抗振性等方面要求更高，而且其传动和变速系统应更便于实现自动化扩展。

2．数控装置

数控装置是数控系统的核心，主要包括微处理器、存储器、局部总线、外围逻辑电路以及与数控系统的其他组成部分联系的各种接口等。数控车床的数控装置完全由软件处理输入信息，可处理逻辑电路难以处理的复杂信息，使数字控制系统的性能大大提高。

3. 输入/输出设备

键盘、磁盘机等是数控车床的典型输入设备。除此以外，还可以用串行通信的方式输入。输出设备的作用是数控系统通过显示器为操作人员提供必要的信息。数控系统一般配有阴极射线管（cathode ray tube，CRT）显示器或彩色液晶显示器，显示信息丰富。有些还能显示图形，操作人员可通过显示器获得必要的信息。

4. 伺服单元

伺服单元是数控装置和机床本体的联系环节，它将来自数控装置的微弱指令信号放大成控制驱动装置的大功率信号。根据接收指令的不同，伺服单元有数字式和模拟式之分，模拟式伺服单元按照电源种类又可分为直流伺服单元和交流伺服单元。

5. 驱动装置

驱动装置可以把经过放大的指令信号转变为机械运动，通过机械传动部件驱动机床的主轴、刀架、工作台等精确定位，或按照规定的轨迹做严格的相对运动，最后加工出图样要求的零件。与伺服单元相对应，驱动装置有步进电动机、直流伺服电动机和交流伺服电动机等。

伺服单元和驱动装置合称伺服驱动系统，它是车床工作的动力装置，数控装置的指令通过伺服驱动系统付诸实施。从某种意义上说，数控车床功能的强弱主要取决于数控装置，而数控车床性能的好坏主要取决于伺服驱动系统。

6. 可编程逻辑控制器（PLC）

数控车床通过数控装置和 PLC 共同完成控制功能。其中，数控装置主要完成与数字运算和管理等有关的功能，PLC 主要完成与逻辑运算有关的一些动作，它接收数控装置的控制代码 M（辅助功能）、S（主轴转速）、T（选刀、换刀）等开关量动作信息，对开关量动作信息进行译码，转换成对应的控制信号，控制辅助装置完成车床相应的开关动作。它还接收车床操作面板的指令，一方面直接控制车床的动作（如手动操作机床），另一方面将一部分指令送往数控装置，用于加工过程的控制。

7. 测量反馈装置

测量反馈装置也称反馈元件，通常安装在车床的工作台或丝杠上，相当于普通机床的刻度盘，它将车床工作台的实际位移转变成电信号反馈给数控装置，数控装置将反馈信号与指令值进行比较，并根据比较后所产生的误差信号，控制车床向消除该误差的方向移动。因此，测量装置是高性能数控车床的重要组成部分。此外，由测量装置和显示环节构成的数字显示装置，可以在线显示车床移动部件的坐标值，大大提高了工作效率和工件的加工精度。

1.1.2 数控车床的分类

数控车床的种类较多，分类方法通常与普通车床相似。

1. 按数控车床主轴位置分类

（1）立式数控车床

立式数控车床简称数控立车，如图 1-1-3 所示。其主轴垂直于水平面，并有一个直径很大的圆形工作台，供装夹工件用。这类机床主要用于加工径向尺寸大、轴向尺寸相对较小的大型复杂工件。

（2）卧式数控车床

卧式数控车床分为卧式数控水平导轨车床（图 1-1-4）和卧式数控倾斜导轨车床（图 1-1-5）。

图 1-1-3 立式数控车床

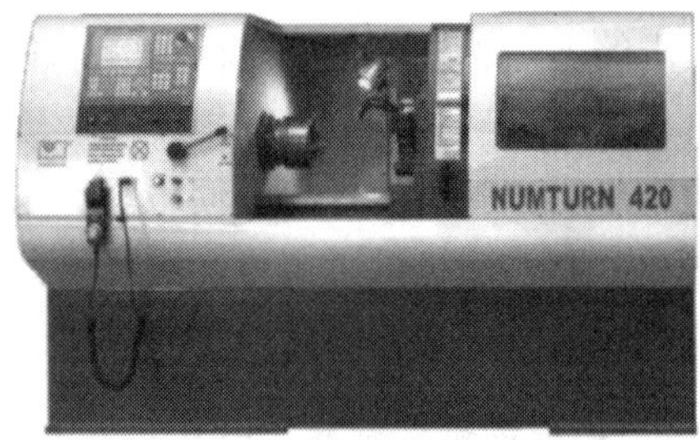

图 1-1-4 卧式数控水平导轨车床

图 1-1-5 卧式数控倾斜导轨车床

2. 按控制方式分类

数控车床按照对被控制量有无检测反馈装置可分为开环控制车床和闭环控制车床两种类型。在闭环控制系统中，根据其测量装置安放的部位又可分为全闭环控制车床和半闭环控制车床两种类型。

（1）开环控制数控车床

图 1-1-6 所示为开环控制系统原理图。开环控制系统中没有检测反馈装置。数控装置将工件按照加工程序处理后，输出数字指令信号给伺服驱动系统，驱动机床运动，但是不检测运动的实际位置，即没有位置反馈信号。开环控制的伺服系统主要使用步进电动机，其工作过程如下：先由插补器进行插补运算，发出的指令脉冲（又称进给脉冲）经驱动电路放大后，驱动步进电动机转动，一个进给脉冲使步进电动机转动一个角度，通过丝杠传动使工作台移动一定的距离，因此，工作台的位移量与步进电动机的转角位移成正比，即与进给脉冲的数目成正比，改变进给脉冲的数目和频率，就可以改变工作台的位移量和速度，指令信息单方向传递，指令发出后，不再反馈。

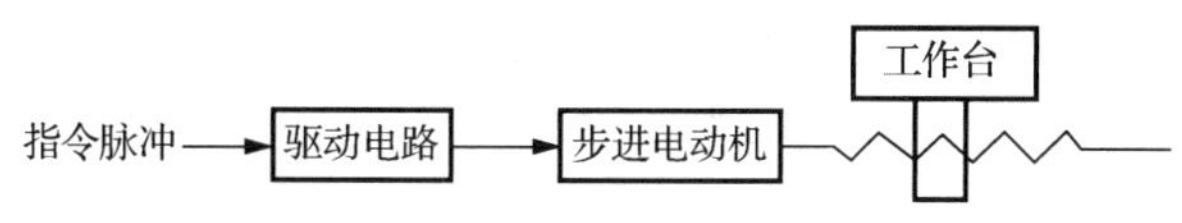

图 1-1-6　开环控制系统原理图

受步进电动机的步距精度和工作频率以及传动机构的传动精度影响，开环系统的速度和精度都较低。由于开环控制结构简单、调试方便、容易维修、成本较低，因此仍被广泛应用于经济型数控车床上。

（2）闭环控制数控车床

在闭环控制系统中，安装在工作台上的检测元件（目前一般采用光栅尺）将工作台实际位移量反馈到数控系统中，系统将其与所要求的位置指令进行比较，用比较的差值进行控制，直到差值消除为止。可见，闭环控制系统可以消除机械传动部件的各种误差和工件加工过程中产生的干扰影响，从而使加工精度大大提高。速度检测元件的作用是将伺服电动机的实际转速变换成电信号送到速度控制电路中，进行反馈校正，保证电动机转速保持恒定。常用速度检测元件是测速发动机。图 1-1-7 所示为闭环控制系统原理图。

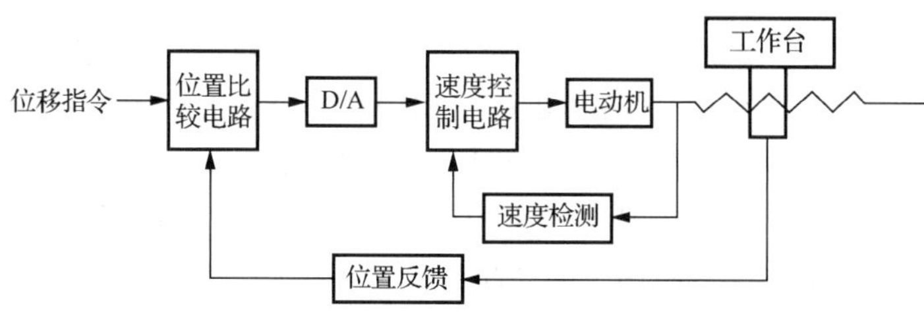

图 1-1-7　闭环控制系统原理图

闭环控制的特点是加工精度高，移动速度快。这类数控车床采用直流伺服电动机或交流伺服电动机作为驱动元件，电动机的控制电路比较复杂，检测元件价格昂贵，因此调试和维修比较复杂，且成本高。

（3）半闭环控制数控车床

半闭环控制系统不是直接检测工作台的位移量，而是采用转角位移检测元件，如光电编码器，检测伺服电动机或滚珠丝杠的转角，间接检测移动部件的实际位移量，然后反馈到数控装置的比较器中与输入原指令位移值进行比较，系统用比较后的差值进行控制使移动部件补充位移，直到差值消除为止。由于在系统的组成环路内没有包含工作台，故称半闭环控制。图 1-1-8 所示为半闭环控制系统原理图。

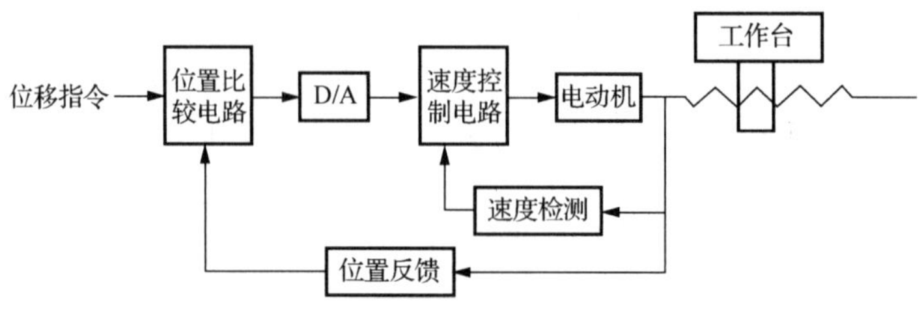

图 1-1-8 半闭环控制系统原理图

半闭环控制数控车床精度较闭环控制差，但稳定性好、成本较低，调试维修也较容易，兼顾了开环控制和闭环控制两者的特点，因此应用比较普遍。

1.1.3 典型数控系统

当今世界上数控系统的种类规格繁多，在我国使用比较广泛的有日本发那科（FANUC）公司和德国西门子（SIEMENS）公司的产品，此外国产数控系统的功能、性能也日趋完善。

1. FANUC 数控系统

FANUC 数控系统最初是由日本富士通公司研制开发的，目前该数控系统在中国市场得到了广泛应用。应用于车床的数控系统主要有 FANUC 18i-TA/TB、FANUC 0i-TA/TB/TC、FANUC 0 TD 等。

2. SIEMENS 数控系统

数控系统由德国 SIEMENS 公司研制开发，该系统在我国数控机床中的应用也非常普遍，常用的数控系统除 SIEMENS 840D/C、SIEMENS 810T/M 等型号外，还有专门针对我国市场开发的车床数控系统 SINUMERIK 802S/C baseline、802D 等型号。其中 802C 系统采用步进电动机驱动，802C/D 系统采用伺服电动机驱动，802 系列数控系统的各种型号均有适用于车削加工或铣削加工的产品。

3. 国产数控系统

自 20 世纪 80 年代初期以来，我国数控系统研制与生产取得了飞速发展，并逐步发展成以航天数控集团、机电集团、华中数控、蓝天数控等一批以生产普及型数控系统为主的国有企业，以及北京-发那科、西门子数控（南京）有限公司等合资企业的基本力量。目前，常用于车床的数控系统有广州数控系统，如 GSK928T、GSK980T 等；华中数控系统，如 HNC-21T 等。

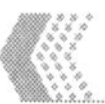

国产数控系统目前在经济型数控车床中应用较多，这类数控系统的共同特点是编程与操作方便、性价比高、维修简便。大部分国产系统的编程方法与指令格式（包括固定循环）与 FANUC 等系统基本相同。因此国产车床数控系统均可按其编程说明书或参考 FANUC 等系统的规定进行编程。

4. 其他数控系统

除了前面提到的数控系统外，国内使用较多的数控系统还有日本的三菱数控系统和大森数控系统、法国的施耐德数控系统、西班牙的法格数控系统和美国的 A-B 数控系统等。这几类数控系统均可参照 FANUC 或 SIEMENS 系统的规定进行编程。

1.1.4　FANUC 数控系统面板介绍与编程操作

1. 基本面板

FANUC 0i Mate-TD 数控系统的基本面板可分为液晶显示器（liquid crystal display，LCD）显示区、手动数据输入（manual data input，MDI）键盘区（包括字符键和功能键等）、软键开关区和存储卡接口，如图 1-1-9 所示。

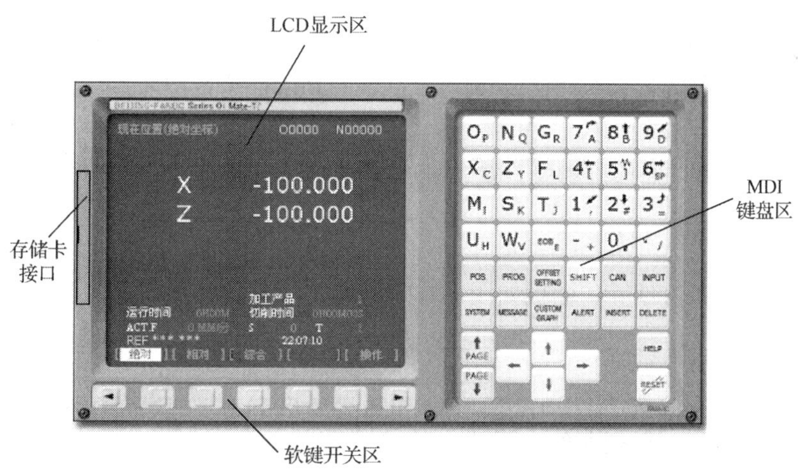

图 1-1-9　FANUC 0i Mate-TD 基本面板

各按键功能说明如下。

【MDI 键盘区】

1）MDI 键盘区上面四行为字母、数字和字符部分，操作时，用于字符的输入；其中“EOB”为分号（;）输入键；其他为功能键或编辑键。

2）POS 键：按下此键显示当前机床的坐标位置画面。

3）PROG 键：按下此键显示程序画面。

4）OFSSET/SETTING 键：按下此键显示刀偏/设定画面。

5）SHIFT 键：上档键，按一下此键，再按字符键，将输入对应右下角的字符。

6）CAN 键：退格/取消键，可删除已输入缓冲器的最后一个字符。

7）INPUT 键：写入键，当按下地址键或数字键后，数据被输入缓冲器，并在屏幕上显示；为了把输入缓冲器中的数据拷贝到寄存器，按此键将字符写入指定的位置。

8）SYSTEM 键：按此键显示系统画面［包括参数、诊断、生产及物料控制（production material control，PMC）系统等］。

9）MSSAGE 键：按此键显示报警信息画面。

10）CUSTOM/GRPH 键：按此键显示用户宏画面（会话式宏画面）或显示图形画面。

11）ALTER 键：替换键。

12）INSERT 键：插入键。

13）DELETE 键：删除键。

14）PAGE 键：翻页键，包括上下两个键，分别显示屏幕上一页面和屏幕下一页面。

15）HELP 键：帮助键，按此键用来显示如何操作机床。

16）RESET 键：复位键；按此键可以使 CNC 复位，用以消除报警等。

17）方向键：分别代表光标的上、下、左、右移动。

【软键开关区】

这些键对应各种功能键的各种操作功能，根据操作界面相应变化。

1）下页键（Next）：此键用以扩展软键菜单，按下此键菜单改变，再次按下此键菜单恢复。

2）返回键：按下对应软键时，菜单顺序改变，用此键将菜单复位到原来的菜单中。

2. 操作面板

FANUC 0i Mate-TD 操作面板如图 1-1-10 所示。

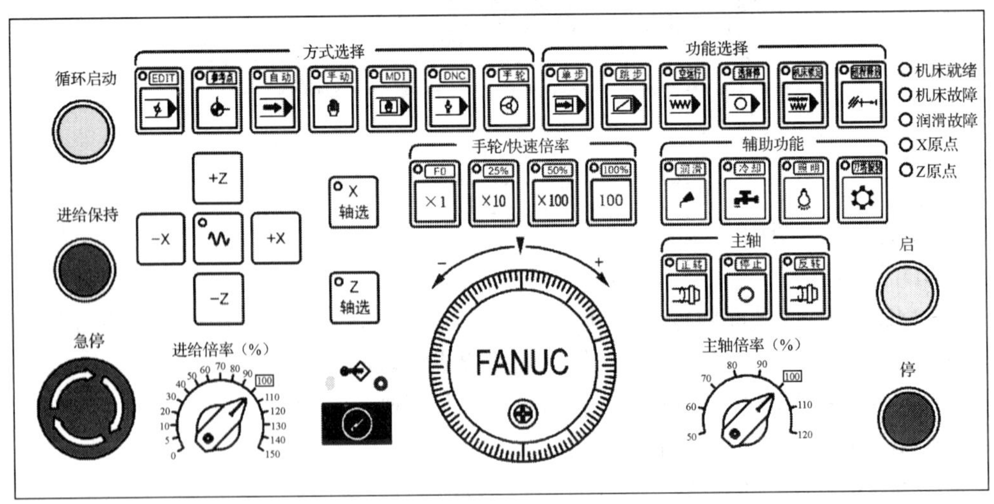

图 1-1-10 FANUC 0i Mate-TD 操作面板

各按键功能说明如下。

【方式选择】

1）EDIT：编辑方式键，设定程序编辑方式，其左上角带指示灯。

2）参考点：按此键切换到运行回参考点操作，其左上角指示灯点亮。

3）自动：按此键切换到自动加工方式，其左上角指示灯点亮。

4）手动：按此键切换到手动方式，其左上角指示灯点亮。

5）MDI：按此键切换到 MDI 方式运行，其左上角指示灯点亮。

6）DNC：按此键设定 DNC 运行方式，其左上角指示灯点亮。

7）手轮：在此方式下执行手轮相关动作，其左上角带有指示灯。

【功能选择】

8）单步：该键用以检查程序，按此键后，系统一段一段执行程序，其左上角带有指示灯。

9）跳步：此键用于程序段跳过。自动操作中若按下此键，会跳过开头带有“/”和用“;”结束的程序段，其左上角带有指示灯。

10）空运行：自动方式下按下此键，各轴是以手动进给速度移动，此键用于无工件装夹时检查刀具的运动，其左上角带有指示灯。

11）选择停：按下此键后，在自动方式下，当程序段执行到 M01 指令时，自动运行停止，其左上角带有指示灯。

12）机床锁定：自动方式下按下此键，*X* 轴、*Z* 轴不移动，只在屏幕上显示坐标值的变化，其左上角带有指示灯。

13）超程释放：当 *X* 轴、*Z* 轴达到硬限位时，按下此键释放限位。此时，限位报警无效，急停信号无效，其左上角带有指示灯。

【点动和轴选择】

14）+Z：在手动方式下按下此键，*Z* 轴向正方向点动。

15）−X：在手动方式下按下此键，*X* 轴向负方向点动。

16）快速叠加：在手动方式下，同时按此键和一个坐标轴点动键，坐标轴按快速进给倍率设定的速度点动，其左上角带有指示灯。

17）+X：在手动方式下按下此键，*X* 轴向正方向点动。

18）−Z：在手动方式下按下此键，*Z* 轴向负方向点动。

19）X 轴选：在回零或手轮方式下对 *X* 轴操作时，需要先按下此键选择 *X* 轴，选中后其左上角指示灯点亮。

20）Z 轴选：在回零或手轮方式下对 *Z* 轴操作时，需要先按下此键选择 *Z* 轴，选中后其左上角指示灯点亮。

【手轮/快速倍率键】

21）×1/F0：手轮方式时，进给率执行 1 倍动作；手动方式时，同时按下“快速叠加”键和点动键，进给轴按进给倍率设定的 F0 速度进给；其左上角带有指示灯。

22）×10/25%：手轮方式时，进给率执行 10 倍动作；手动方式时，同时按下“快速叠加”键和点动键，进给轴按“手动快速运行速度”值 25%的速度进给；其左上角带有指示灯。

23）×100/50%：手轮方式时，进给率执行 100 倍动作；手动方式时，同时按下“快速叠加”键和点动键，进给轴按“手动快速运行速度”值 50%的速度进给；其左上角带有指示灯。

24）100%：手动方式时，同时按下“快速叠加”键和点动键，进给轴按“手动快速运行速度”值 100%的速度进给；其左上角带有指示灯。

【辅助功能键】

25）润滑：按下此键，润滑功能输出，其指示灯点亮。

26）冷却：按下此键，冷却功能输出，其指示灯点亮。

27）照明：按下此键，机床照明功能输出，其指示灯点亮。

28）刀塔旋转：手动方式下按此键，执行换刀动作，每按一次，刀架顺时针转动一个刀位，换刀过程中其指示灯点亮。

【主轴键】

29）主轴正转：手动方式下按此键，主轴正方向旋转，其左上角指示灯点亮。

30）主轴停止：手动方式下按此键，主轴停止转动，其左上角指示灯就亮。

31）主轴反转：手动方式下按此键，主轴反方向旋转，其左上角指示灯点亮。

【指示灯区】

32）机床就绪：机床就绪后灯亮表示机床可以正常运行。

33）机床故障：当机床出现故障时机床停止动作，此指示灯点亮。

34）润滑故障：当润滑系统出现故障时，此指示灯点亮。

35）X.原点：回零过程和 X 轴回到零点后指示灯点亮。

36）Z.原点：回零过程和 Z 轴回到零点后指示灯点亮。

【波段旋钮和手摇脉冲发生器】

37）进给倍率（%）：当波段开关旋到相应刻度时，各进给轴将按设定值乘以刻度对应百分数执行进给动作。

38）主轴倍率（%）：当波段开关旋到对应刻度时，主轴将按设定值乘以刻度对应百分数执行动作。

39）手轮：在手轮方式下，可以对各进给轴进行手轮进给操作，其倍率可以通过×1、×10、×100 键选择。

【其他按钮开关】

40）循环启动：按下此按钮，自动操作开始，其指示灯点亮。

41）进给保持：按下此按钮，自动运行停止，进入暂停状态，其指示灯点亮。

42）急停：按下此按钮，机床动作停止，待排除故障后，旋转此按钮，释放机床动作。

43）程序保护开关：当把钥匙打到红色标记处，程序保护功能开启，不能更改数字控制（numerical control，NC）程序；当把钥匙打到绿色标记处，程序保护功能关闭，可以编辑 NC 程序。

44）NC 电源开：用以打开 NC 系统电源，启动数控系统的运行。

45）NC 电源关：用以关闭 NC 系统电源，停止数控系统的运行。

1.1.5　数控车床的安全操作规程

1. 安全操作注意事项

1）工作时要穿好工作服、安全鞋，戴好工作帽及防护镜，严禁戴手套操作车床。

2）不要移动或损坏安装在车床上的警告标牌。

3）不要在车床周围放置障碍物，工作空间应足够大。

4）某一项工作如果需要两人或多人共同完成，则应注意相互之间的配合。

5）不允许采用压缩空气清洗车床、电气柜及 NC 单元。

6）任何人员违反上述规定或学校的规章制度，实训指导教师或设备管理员有权停止其使用、操作，并根据情节轻重，报学校相关部门处理。

2. 工作前的准备工作

1）车床开始工作前应先进行预热，认真检查润滑系统工作是否正常，若车床长时间未启动，则可先采用手动方式向各部分供油润滑。

2）使用的刀具应与车床允许的规格相符，有严重破损的刀具要及时更换。

3）调整刀具所用的工具不要遗忘在车床内。

4）检查大尺寸轴类零件的中心孔是否合适，以免发生危险。

5）刀具安装后应进行 1～2 次试切削。

6）认真检查卡盘夹紧的工作状态。

7）车床启动前，必须关好车床防护门。

3. 工作过程中的安全事项

1）禁止用手接触刀尖和切屑，切屑必须使用铁钩子或毛刷来清理。

2）禁止用手或其他任何方式接触正在旋转的主轴、工件或其他运动部位。

3）禁止在加工过程中进行测量、变速等操作，更不能用棉絮擦拭工件，也不能清扫车床。

4）车床运转中，操作者不得离开岗位，发现车床有异常现象时应立即停车。

5）经常检查轴承温度，过高时应报告有关人员进行检查。

6）在加工过程中，不允许打开车床防护门。

7）严格履行岗位职责，车床由专人使用，未经同意不得擅自使用。

8）工件伸出车床 100mm 以外时，应在伸出位置设防护物。

9）禁止进行尝试性操作。

10）手动原点回归时，车床各轴的位置应距离原点-100mm 以上，车床原点回归顺序为：首先是+X 轴，然后是+Z 轴。

11）使用手轮或快速移动方式调整各轴位置时，一定要看清车床 X 轴、Z 轴各方向的“+、-”号标牌后再移动。移动时，先慢转手轮观察车床移动方向无误后，方可加快移动速度。

12）编写程序或将程序输入车床后，应先进行图形模拟，准确无误后再进行车床试运行，并且刀具应离开工件端面 200mm 以上。

4. 程序运行注意事项

1）对刀应准确无误，刀具补偿号应与程序调用刀具号相符。

2）检查车床各功能按键的位置是否正确。

3）光标要放在主程序段首。

4）加注适量冷却液。

5）站立位置应合适，启动程序时，右手做按停止按键准备，程序在运行过程中手不能离开停止按键，如有紧急情况应立即按下停止按键。

6）加工过程中认真观察切削及冷却状况，确保车床、刀具的正常运行及工件的质量，关闭防护门以免切屑、润滑油飞出。

7）在程序运行中需要暂停，测量工件尺寸时，应等待机床完全停止、主轴停转后方可进行测量，以免发生危险。

8）关机时，应等待主轴停转 3min 后方可关机。

9）未经许可禁止打开电器箱。

10）各手动润滑点必须按照说明书要求进行润滑。

11）修改程序的钥匙在程序调整完后要立即拿掉，不得插在车床上，以免无意改动程序。

12）使用车床时，每日必须使用切削液循环 0.5h，冬天时间可稍短一些；切削液应定期更换，更换周期一般为 1～2 个月。

13）如果几天不使用车床，则应每隔一天对 NC 及 CRT 部分通电 2～3h。

5. 工作完成后的注意事项

1）清除切屑，擦拭车床，使车床与环境保持清洁状态。

2）注意检查或更换磨损坏的车床导轨上的油擦板。

3）检查润滑油、冷却液的状态，及时添加或更换。

4）依次关掉车床操作面板上的电源和总电源。

1.2 数控车床的程序编制

数控编程是数控加工的重要步骤。使用数控车床对零件进行加工时，应按照加工工艺要求，根据所用数控车床规定的指令代码及程序格式，将刀具的运动轨迹、位移量、切削用量以及相关辅助动作（包括换刀、主轴正/反转、切削液开/关等）编写成加工程序，输入数控装置中，从而指挥车床加工零件。

数控编程一般采用手工编程和自动编程两种方式。对于加工形状简单、计算工作量小、程序段数不多的零件，采用手工编程较容易，在点位加工或由直线、圆弧组成的轮廓加工中，应用广泛。对于形状复杂的零件，特别是具有非圆曲线、列表曲线的零件，若手工编程计算工作量太大，则应采用计算机专用软件进行自动编程。

1.2.1　数控车床坐标系的建立

在数控编程时，为了描述车床的运动，简化程序编制的方法及保证记录数据的互换性，数控车床的坐标系和运动方向均已标准化。目前，我国执行的行业数控标准《数控机床 坐标和运动方向的命名》（JB/T 3051—1999）与《工业自动化系统与集成——机械数控——坐标系和运动命名》（*Industrial automation systems and integration—Numerical control of machines—Coordinate system and motion nomenclature*）（ISO 841—2001）等效。

1. 坐标系

数控车床的坐标系以径向为 X 轴方向、纵向为 Z 轴方向命名。经济型普通卧式前置刀架数控车床指向主轴箱的方向为 Z 轴的负方向，指向尾架的方向为 Z 轴的正方向。X 轴的正方向是指向操作者的方向，负方向为远离操作者的方向。由此，根据右手螺旋定则，Y 轴的正方向为垂直指向地面（编程中不涉及 Y 坐标）。图 1-2-1 所示为普通数控车床的坐标系。

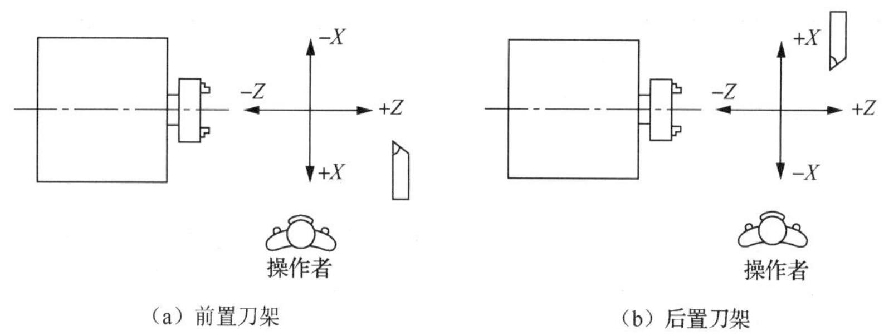

图 1-2-1　普通卧式数控车床的坐标系

按照绝对坐标编程时，使用代码 X 和 Z；按照增量坐标（相对坐标）编程时，使用代码 U 和 W。也可以采用混合坐标指令编程，即同一程序中，既可以出现绝对坐标指令，又可以出现相对坐标指令。

U 和 X 坐标值，在数控车床的编程中一般是以直径方式输入的，即按照绝对坐标编程时，X 输入的是直径值；按照增量坐标编程时，U 输入的是径向实际位移值的两倍，并附上方向符号（正向可以省略）。

2. 原点

（1）机械原点（参考点）

机械原点是由生产厂家在生产数控车床时设定在车床上的，它是一个固定的坐标点。每次启动车床之后，必须首先进行机械原点回归操作，使刀架返回到车床的机械原点。

一般地，根据车床规格不同，X 轴机械原点比较靠近 X 轴正方向的超程点；Z 轴机械原点比较靠近 Z 轴正方向的超程点。

（2）编程原点

编程原点是指程序中的坐标原点，即在数控加工时，刀具相对于工件运动的起点，也称为对刀点。

在编制数控车削程序时，首先要确定作为基准的编程原点。对于某一加工工件，编程原点的设定通常是将主轴中心设为 X 轴方向的原点，将加工工件精切后的右端面或精切后的夹紧定位面设定为 Z 轴方向的原点，如图 1-2-2 所示。

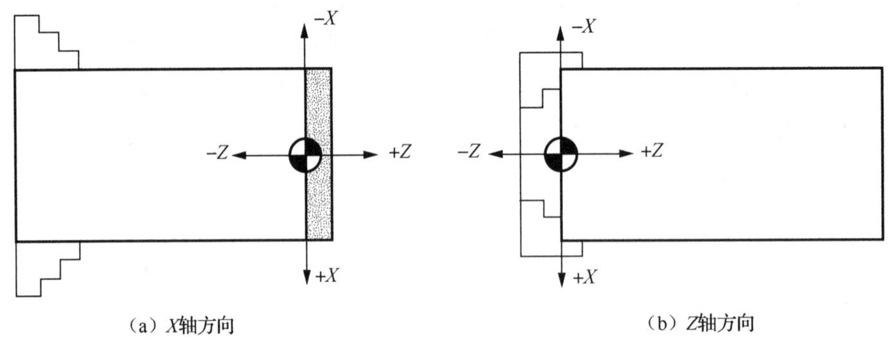

图 1-2-2　编程原点

以机械原点为原点建立的坐标系一般称为机床坐标系，它是一台机床固定不变的坐标系；以编程原点为原点建立的坐标系一般称为工件坐标系或编程坐标系，它会随着加工工件的改变而改变位置。

1.2.2 数控程序结构与格式

1. 数控程序的结构

程序是控制车床的指令，与学习 Basic、C 语言编程一样，必须先了解程序的结构，以指导读者读懂程序。首先，以一个简单的数控车削程序为例，分析数控加工程序的结构。

例 1-1：用经济型数控车床加工图 1-2-3 所示工件（毛坯直径为 Φ50mm）。

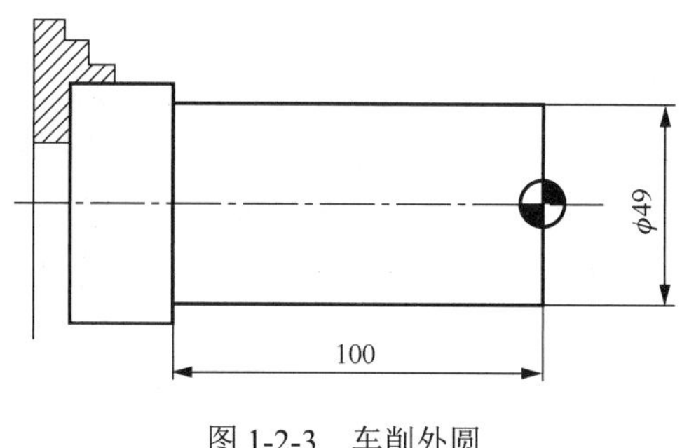

图 1-2-3　车削外圆

参考程序如下：

```
O0001;                            程序名（程序号）
N05 G90 G54 M03 S800;         ┐
N10 T0101;                    │
N15 G00 X49 Z2;               │
N20 G01 Z-100 F0.1;           ├   程序内容
N25 X51;                      │
N30 G00 X60 Z150;             │
N35 M05;                      ┘
N40 M30;                          程序结束
```

程序一般由程序名（程序号）、程序内容和程序结束三个部分组成。

（1）程序名（程序号）

程序名为程序开始部分。在数控装置中，程序的记录是根据程序名来辨别的，调用某个程序可通过调出程序名来完成，编辑程序也需要首先调出程序名。

程序名的结构：

```
O  ;
```

【相关知识点】

1）O 为程序起始符，有的数控系统也用%、P 或：等作为程序起始符。本章后续例题中一律以 O 作为程序起始符。

2）程序名的编号范围因数控系统不同而不同。

3）程序名要单独使用一个程序段。

4）0 一般不属于程序名编号范围。

（2）程序内容

程序内容是整个程序的核心，由若干程序段组成，每个程序段由一个或多个指令组成，表示数控车床要完成的全部动作。

（3）程序结束

以程序结束指令 M02 或 M30 作为整个程序结束的符号，来结束整个程序。

2. 程序段的格式

一个程序段由一个或若干个指令字组成，每个指令字又由地址符和数字组成（数字前可以有±号构成数值量）。指令字代表某一信息单元，代表车床的一个位置或一个动作。目前普遍采用的是地址符可变程序段格式。可变程序段是指程序段的长度可变。一个程序段是以程序段的序号开始，后跟功能指令，由结束符号结束。

可变程序段格式如下：

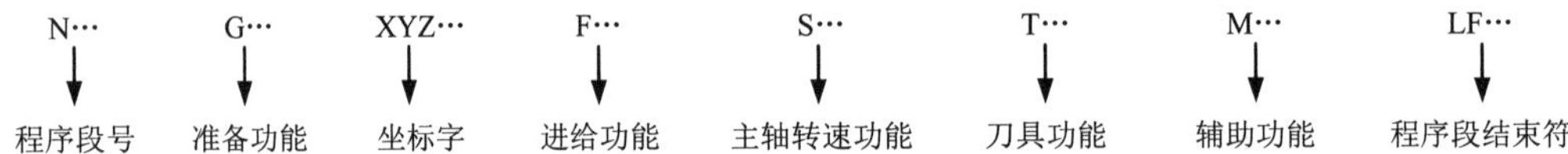

其中，程序段号通常用标识符号 N 和数字表示，如 N02、N20 等。序号不一定连续，可适当跳跃，一般按照从小到大的顺序排列，在实际加工中不参与程序运行，只是便于程序的编写、检查、修改。现代数控系统中很多不要求程序段号，即程序段号可有可无。坐标字由坐标地址符（如 X、Y、Z 等）及数字组成，且按照一定的顺序进行排列。指令字表示刀具在指定的坐标轴上按照给定方向和数量运动到坐标字所表示的位置。例如，数值 100、100.和 100.0，有些数控系统会将 100 视为 100μm，而不是 100mm，写成 100.或 100.0 均被认为是 100mm。

可变程序段中各指令字的先后排列顺序并不严格，不需要的指令字以及与上一程序段继续使用的相同指令字可以省略；数据的位数可多可少，如 G01 等同于 G1。但是同一性质的功能指令字不允许在同一程序段中出现。

1.2.3 数控程序准备功能（G 指令）

准备功能 G 代码由 G 后带两位数字，从 G00 到 G99 共 100 种组成，用来规定刀具和工件的相对运动轨迹、机床坐标系、坐标平面、刀具补偿、坐标偏置等多种加工操作。

1. 快速点定位指令（G00）

该指令命令刀具以点位控制方式从刀具所在点快速移动到目标位置，无运动轨迹要求，不需要特别指定移动速度。

指令格式：

```
G00 IP_;
```

指令说明：

1）IP__：目标点的坐标，可以用 X、Z、U、W 表示。

2）X、Z：绝对坐标编程时，快速定位终点在工件坐标系中的坐标。

3）U、W：增量坐标编程时，快速定位终点相对于起点的位移量。

4）X（U）：坐标按照直径值输入。

5）快速点定位时，刀具的路径通常不是直线。

例 1-2：如图 1-2-4 所示，用 G00 指令将刀具从 A 点移动到 B 点。

绝对坐标指令编程：

```
G00 X40 Z2;
```

增量坐标指令编程：

```
G00 U-60 W-50;
```

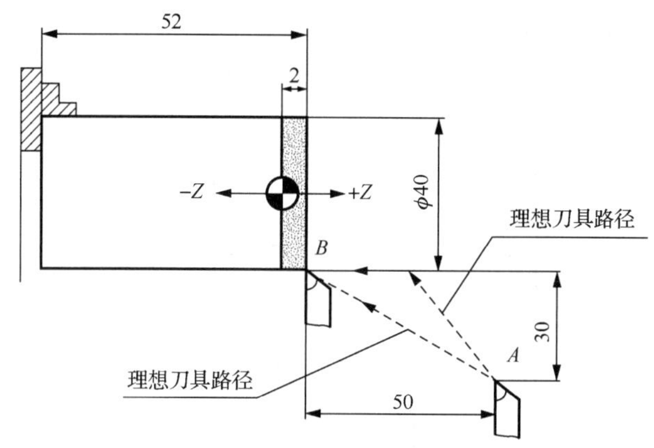

图 1-2-4　G00 快速点定位

【相关知识点】

1）符号"⊕"代表编程原点。

2）在某一轴上相对位置不变时，可以省略该轴的移动指令。

3）在同一程序段中绝对坐标指令和增量坐标指令可以混用。

4）从图中可见，实际刀具移动路径与理想刀具移动路径可能会不一致，因此，需要注意刀具是否与工件和夹具发生干涉，对不确定是否会干涉的场合，可以考虑采取每轴单动。

5）刀具快速移动速度由机床生产厂家设定。

2. 直线插补指令（G01）

该指令用于直线或斜线运动。可使数控车床沿 X 轴、Z 轴方向执行单轴运动，也可以沿 XZ 平面内以任意斜率做直线运动。

指令格式：

```
G01 IP__ F__;
```

指令说明：

1）IP__：目标点的坐标，可以用 X、Z、U、W 表示。

2）F__：刀具的进给速度。

例 1-3：外圆锥切削（图 1-2-5）。

绝对坐标指令编程：

```
G01 X40 Z-30 F0.4;
```

增量坐标指令编程：

```
G01 U20 W-30 F0.4;
```

混合坐标系指令编程：

```
G01 X40 W-30 F0.4;
```

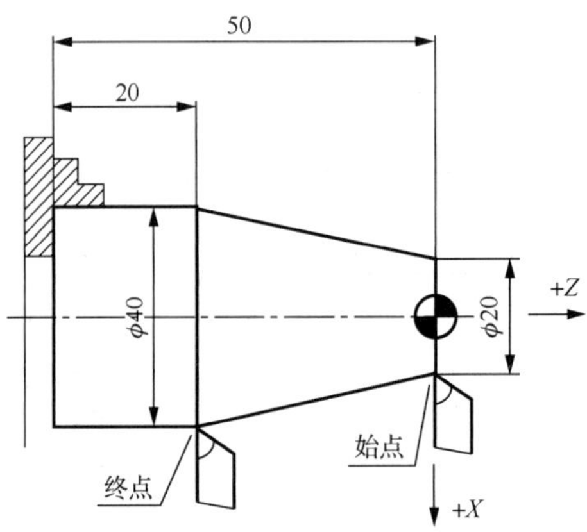

图 1-2-5 G01 指令切外圆锥

3. 圆弧插补指令（G02、G03）

该指令能使刀具沿圆弧运动，切出圆弧轮廓。G02 为顺时针圆弧插补指令，G03 为逆时针圆弧插补指令。

指令格式：

```
G02 IP__I__K__F__;  或  G02 IP__R__F__;
G03 IP__I__K__F__;  或  G03 IP__R__F__;
```

指令说明：G02、G03 各指令的含义如表 1-2-1 所示。

表 1-2-1 G02、G03 各指令的含义

考虑的因素	指令	含义
回转方向	G02	刀具轨迹按顺时针圆弧插补
	G03	刀具轨迹按逆时针圆弧插补
终点位置 IP	X、Z（U、W）	工件坐标系中圆弧终点的 X、Z（U、W）值
从圆弧起点到圆弧中心的距离	I、K	I：圆心相对于圆弧起点在 *X* 方向的坐标增量 K：圆心相对于圆弧起点在 *Z* 方向的坐标增量
圆弧半径	R	圆弧的半径，取小于 180° 的圆弧部分

【相关知识点】

1）圆弧顺、逆时针的方向判断：沿圆弧所在平面（*XOZ*）相垂直的另一坐标轴（*Y*轴），由正向向负向看去，起点到终点运动轨迹为顺时针使用 G02 指令，反之，使用 G03 指令，如图 1-2-6 所示。

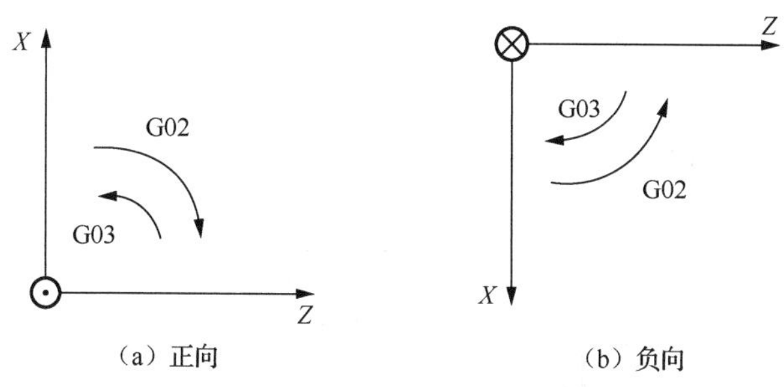

图 1-2-6　圆弧的顺、逆判断

2）到圆弧中心的距离不用 I、K 指令指定，可以用半径 R 指令指定。当 I、K 和 R 指令同时被指定时，R 指令优先，I、K 指令无效。

3）I0，K0 可以省略。

4）若省略 X、Z（U、W），则表示终点与起始点在同一位置，此时使用 I、K 指令指定中心时，变成了指定 360° 的圆弧（整圆）。

5）圆弧在多个象限时，该指令可以连续执行。

6）在圆弧插补程序段中不能有刀具功能（T 指令）。

7）使用圆弧半径 R 指令时，指定圆心角小于 180° 圆弧。

8）圆心角接近 180° 圆弧，当用 R 指令指定时，圆弧中心位置的计算会出现误差，此时应用 I、K 指令指定圆弧中心。

例 1-4：顺时针圆弧插补（图 1-2-7）。

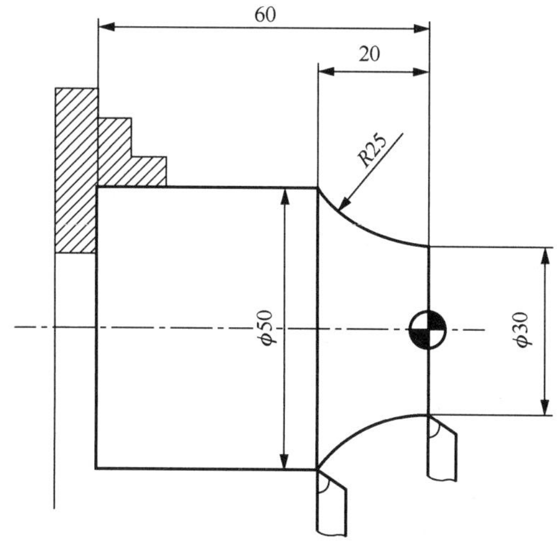

图 1-2-7　G02 顺时针圆弧插补

I、K 指令编程：

```
G02 X50.0 Z-20.0 I25 K0 F0.5;
G02 U20.0 W-20.0 I25 F0.5;
```

R 指令编程：

```
G02 X50 Z-20 R25 F0.5;
G02 U20 W-20 R25 F0.5;
```

例 1-5：逆时针圆弧插补（图 1-2-8）。

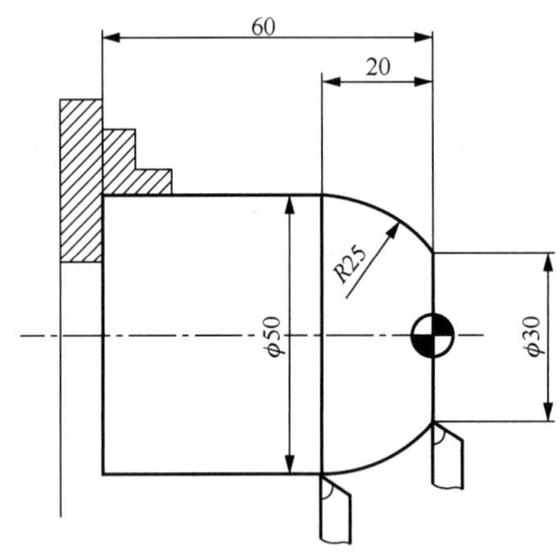

图 1-2-8 G03 逆时针圆弧插补

I、K 指令编程：

```
G03 X50 Z-20 I-15 K-20 F0.5;
G03 U20 W-20 I-15 K-20 F0.5;
```

R 指令编程：

```
G03 X50 Z-20 R25 F0.5;
G03 U20 W-20 R25 F0.5;
```

4. 螺纹切削指令（G32/G33）

螺纹加工的类型包括内（外）圆柱螺纹和圆锥螺纹、单头螺纹和多头螺纹、恒螺距螺纹与变螺距螺纹。

数控系统提供的螺纹加工指令包括单一螺纹指令和螺纹固定循环指令。前提条件是主轴上有位移测量系统。所用数控系统不同，螺纹加工指令也有差异，实际应用中按所使用的车床要求编程。

G32/G33 指令可以执行单行程螺纹切削，车刀进给运动严格根据输入的螺纹导程进行。但是，车刀的切入、切出、返回均需要编写程序。

FANUC 数控系统的单行程螺纹加工的编程指令如表 1-2-2 所示。

表 1-2-2　FANUC 数控系统的单行程螺纹加工的编程指令

数控系统	编程指令格式	说明
FANUC	G32 IP__F__; (G33 IP__F__;)	IP：代表终点的坐标 F：螺纹导程（即单线螺纹的螺距）

例 1-6：用 FANUC 系统 G33 指令编写圆柱螺纹切削程序（图 1-2-9）。

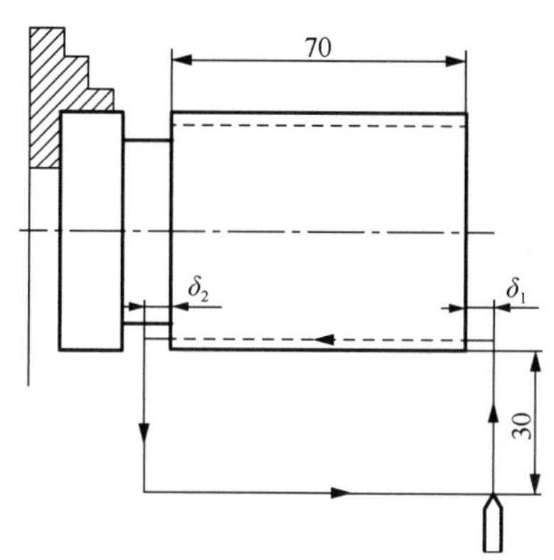

螺纹导程为 4mm；δ_1=3mm；δ_2=1.5mm；若切深为 2mm，分两次切削（每次切深 1mm）；公制输入，直径指定。

图 1-2-9　圆柱螺纹切削

切削螺纹部分程序如下：

```
G00 U-62;
G33 W-74.5 F4.0;
G00 U62;
    W74.5;
    U-64;                 //第二次再切深 1mm
G33 W-74.5 F4.0;
G00 U64;
      W74.5;
```

【相关知识点】

1）图中 δ_1、δ_2 有其特殊的作用，由于螺纹切削的开始及结束部分，伺服系统存在一定程度的滞后，导致螺纹导程不规则。考虑这部分螺纹尺寸精度要求，加工螺纹时的指令要比需要的螺纹长度长（δ_1+δ_2）。

2）螺纹切削时，进给速度倍率开关无效，系统将此倍率固定在 100%。

3）螺纹切削进给中，主轴不能停转。若进给停止，则切入量急剧增加，很危险，因此进给暂停在螺纹切削中无效。

例 1-7：以 FANUC 系统 G32 指令编写圆锥螺纹切削程序（图 1-2-10）。

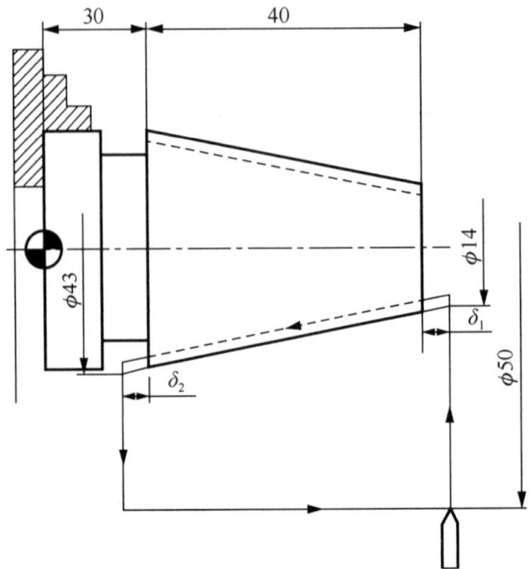

螺纹导程：Z 方向为 3.5mm；δ_1=2mm；δ_2=1mm；若切深为 2mm，分两次切削（每次切深 1mm）；公制输入，直径指定。

图 1-2-10　圆锥螺纹切削

切削锥螺纹部分程序如下：

```
G00 X12 Z72;
G32 X41 Z29 F3.5;
G00 X50;
    Z72;
    X10;                    //第二次再切深 1mm
G32 X39 Z29 F3.5;
G00 X50;
    Z72;
```

关于圆锥螺纹的导程，如图 1-2-11 所示，当 $\alpha \leqslant 45^\circ$ 时，导程为 LZ；当 $\alpha \geqslant 45^\circ$ 时，导程为 LX。

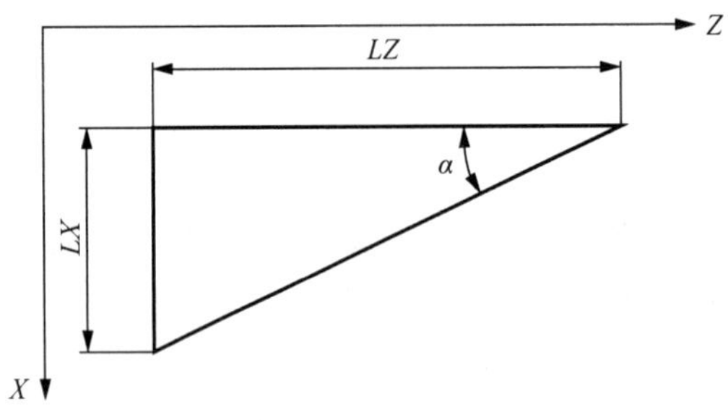

图 1-2-11　圆锥螺纹的导程

5. 暂停指令（G04）

该指令可使刀具作短时间的无进给光整加工，常用于车槽、镗平面、锪孔等场合，如图 1-2-12 所示。

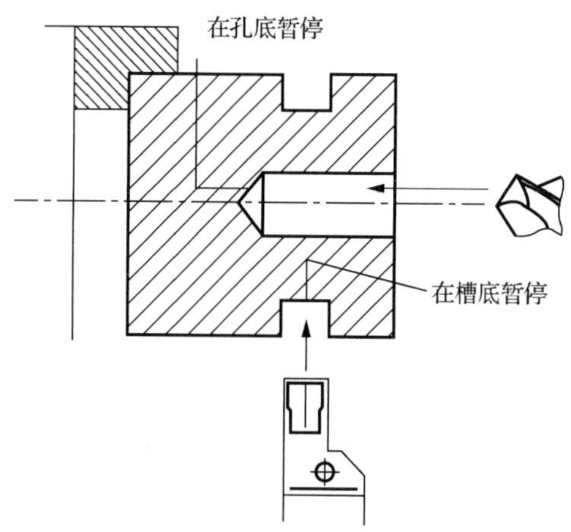

图 1-2-12　G04 暂停指令

指令格式：

```
G04 P__; 或 G04 X__; 或 G04 U__;
```

指令说明：

1）P__：时间或主轴转数的指定（不能用小数点），单位为毫秒（ms）；

2）X__：时间或主轴转数的指定（可以用小数点）单位为秒（s）；

3）U__：时间或主轴转数的指定（可以用小数点）单位为秒（s）。

6. FANUC 数控车削系统 G 代码

FANUC 0i-T 数控车削系统的 G 代码及功能如表 1-2-3 所示。

表 1-2-3　FANUC 0i-T 数控车削系统的 G 代码及功能

G 代码			组	功能	G 代码			组	功能
A	B	C			A	B	C		
G00	G00	G00	01	快速定位	G32	G33	G33	01	螺纹切削
G01	G01	G01		直线插补	G34	G34	G34		变螺距螺纹切削
G02	G02	G02		顺圆插补	G36	G36	G36	00	自动刀具补偿 X
G03	G03	G03		逆圆插补	G37	G37	G37		自动刀具补偿 Z
G04	G04	G04	00	暂停	G40	G40	G40	07	取消刀尖半径补偿
G10	G10	G10		可编程数据输入	G41	G41	G41		刀尖半径左补偿
G11	G11	G11		可编程数据输入方式取消	G42	G42	G42		刀尖半径右补偿
G20	G20	G70	06	英制输入	G50	G92	G92	00	坐标系或主轴最大速度设定
G21	G21	G71		公制输入	G52	G52	G52	00	局部坐标系设定
G27	G27	G27	00	返回参考点检查	G53	G53	G53		机床坐标系设定
G28	G28	G28		返回参考位置	G54～G59			14	选择工件坐标系 1-6

续表

G代码			组	功能	G代码			组	功能
A	B	C			A	B	C		
G65	G65	G65	00	调用宏指令	G87	G87	G87	10	侧钻循环
G70	G70	G72	00	精加工循环	G88	G88	G88		侧攻螺纹循环
G71	G71	G73		外圆粗车循环	G89	G89	G89		侧镗循环
G72	G72	G74		端面粗车循环	G90	G77	G20	01	外径/内径车削循环
G73	G73	G75		多重车削循环	G92	G78	G21		螺纹车削循环
G74	G74	G76		排屑钻端面孔	G94	G79	G24		端面车削循环
G75	G75	G77		外径/内径钻孔循环	G96	G96	G96	02	恒表面切削速度控制
G76	G76	G78		多头螺纹循环	G97	G97	G97		恒表面切削速度控制取消
G80	G80	G80	10	固定钻削循环取消	G98	G94	G94	05	每分钟进给
G83	G83	G83		钻孔循环	G99	G95	G95		每转进给
G84	G84	G84		螺纹循环	—	G90	G90	03	绝对值编程
G85	G85	G85		正面镗循环	—	G91	G91		增量值编程

1.2.4 数控程序辅助功能（M 指令）

辅助功能也称作 M 功能或 M 代码，由 M 和其后的两位数字组成，从 M00～M99 共 100 种，主要用于控制零件程序的走向和机床及数控系统各种辅助功能的开关动作。各种数控系统的 M 代码规定有差异，必须根据系统编程说明书选用。

M 功能有非模态 M 功能和模态 M 功能两种形式。非模态 M 功能（当段有效代码）只在书写了该代码的程序段中有效，模态 M 功能（续效代码）是一组可相互注销的 M 功能，这些功能在被同一组的另一个功能注销前一直有效。

另外，M 功能还可分为前作用 M 功能和后作用 M 功能两类。前作用 M 功能在程序段编制的轴运动之前执行；后作用 M 功能在程序段编制的轴运动之后执行。常用的 M 功能代码见表 1-2-4。

表 1-2-4 M 功能代码一览表

代码	是否模态	功能说明	代码	是否模态	功能说明
M00	非模态	程序停止	M03	模态	主轴正转启动
M01	非模态	选择停止	M04	模态	主轴反转启动
M02	非模态	程序结束	M05	模态	主轴停止启动
M30	非模态	程序结束并返回	M07	模态	切削液打开
M98	非模态	调用子程序	M08	模态	切削液打开
M99	非模态	子程序结束	M09	模态	切削液停止

（1）M00：程序暂停

当 CNC 执行到 M00 指令时，将暂停执行当前程序，以方便操作者进行刀具和工件的尺寸测量、工件调头、手动变速等操作。

暂停时，车床的进给停止，全部现存的模态信息保持不变，若继续执行后续程序，则需要重新按操作面板上的“循环启动”键。

M00 为非模态后作用 M 功能。

（2）M02：程序结束

M02 一般放在主程序的最后一个程序段中。当 CNC 执行到 M02 指令时，车床的主轴、进给、冷却液全部停止，加工结束。

使用 M02 的程序结束后，若重新执行该程序，则应重新调用该程序，然后再按操作面板上的“循环启动”键。

M02 为非模态后作用 M 功能。

（3）M30：程序结束并返回零件程序头

M30 和 M02 功能基本相同，只是 M30 指令还兼有控制返回零件程序头的作用。

使用 M30 的程序结束后，若需要重新执行该程序，则只需再次按操作面板上的“循环启动”键。

（4）M98：子程序调用及 M99 从子程序返回

M98 用来调用子程序。

M99 表示子程序结束，执行 M99 使控制返回到主程序。

在子程序开头，必须规定子程序号，以作为调用入口地址。在子程序的结尾用 M99，以控制执行完该子程序后返回主程序。调用子程序时还要指定连续调用次数，如果不指定调用次数，一般默认为 1 次。

（5）M03、M04、M05 为主轴控制指令

M03：启动主轴，以程序中编制的主轴速度正向旋转。

M04：启动主轴，以程序中编制的主轴速度反向旋转。

M05：使主轴停止旋转。

M03、M04 为模态前作用 M 功能；M05 为模态后作用 M 功能。M03、M04、M05 可相互注销。

（6）M07、M08、M09 为冷却液打开、停止指令

M07、M08 指令将打开冷却液管道，M09 指令将关闭冷却液管道。M07、M08 为模态前作用 M 功能，M09 为模态后作用 M 功能。

1.2.5　数控程序其他功能

1. 主轴转速功能（S 指令）

该指令用于设定主轴转速。利用 S 后面的指令代码指定主轴的转速。

指令格式：

```
S___;
```

指令说明：

1）一个程序段可以指定一个 S 代码。

2）可与 G96（端面恒速控制）一起，在字母 S 后面指定端面圆周速度（单位 m/min），用它控制主轴转速，使刀具位置按照指定的圆周速度变化。

端面恒速控制指令：

```
G96 S__;
```

取消端面恒速控制指令：

```
G97 S__;
```

3）可与 G50 一起限制主轴最高转速，避免飞车现象。

限制主轴最高转速指令：

```
G50 S__;
```

4）S 是模态指令，S 功能只有在主轴速度可调节时有效。所编写的主轴转速可以借助车床控制面板上的主轴倍率开关进行修调。

2. 刀具功能（T 指令）

该指令将 T 后的数值作为代码信号和选通信号一起送给车床，进行刀具选择和刀具补偿。

指令格式：

```
T___;
```

指令说明：

1）刀具序号与刀盘上的刀位号相对应。

2）刀具补偿包括形状补偿和磨损补偿，T 指令同时调入刀补寄存器中的补偿值。

3）当一个程序段同时包含 T 代码与刀具移动指令时：先执行 T 代码指令，而后执行刀具移动指令。

4）刀具序号和刀具补偿号不必相同，但为了方便，在某些数控车床上可使它们一致。

5）一个程序段中可以指令一个 T 代码。

6）刀具补偿号用于指定刀具位置补偿（*X* 轴偏置量、*Z* 轴偏置量）、刀尖 R 补偿量和假想刀尖的方向。其中，刀具位置补偿通常是用手动对刀和测量工件加工尺寸的方法，测出每把刀具的位置补偿量并输入相应的存储器中，当程序执行刀具位置补偿功能后，刀尖的实际位置就替代了原来的位置。

3. 进给功能（F 指令）

该指令用于控制刀具切削进给时的移动速度。

指令格式：

```
F__;
```

指令说明：

1）车床进给速度分为快速进给速度和切削进给速度。其中，快速进给速度由车床生产厂家指定，无须再使用 F 指令指定；切削进给速度分每分钟进给量和每转进给量，分别由 G98（每分钟进给）和 G99（每转进给）确定地址符 F 后指定进给速度的单位。

2）在使用 G33 切削螺纹时，F 指令用于指定螺纹的导程，此时操作面板上进给倍率旋钮无效。

3）使用 G99 指定每转进给量时，主轴转速低，进给速度会出现不平稳现象，主轴速度越低，越容易出现不平稳现象。

4）开机时，系统默认 G99（每转进给）模式。

5）F 是模态指令，当工作在 G01、G02 或 G03 方式下，编写的 F 一直有效，直到被新的 F 值所取代。

1.2.6　刀尖圆弧半径补偿功能

数控车床提供刀尖圆弧半径自动补偿功能（以下简称刀尖 R 补偿），该功能只要按工件轮廓尺寸编程，再通过系统补偿一个刀尖半径值即可。

1. 刀尖半径和假想刀尖的概念

（1）刀尖半径

刀尖半径即车刀刀尖部分为一圆弧构成假想圆的半径值，如图 1-2-13 所示。一般车刀均有刀尖半径，用于车外圆或端面时，刀尖圆弧大小不影响尺寸精度；但是用于车倒角、锥面或圆弧时，则会产生欠切或过切等现象，影响精度，因此在编写数控车削程序时，必须给予考虑。

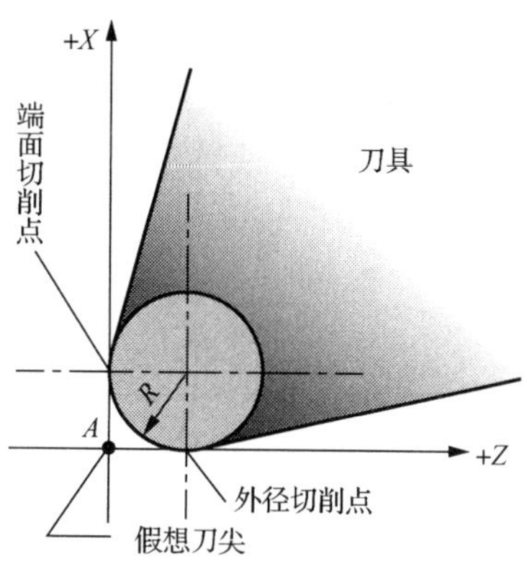

图 1-2-13　刀尖半径与假想刀尖

（2）假想刀尖

假想刀尖实际上是一个不存在的点，如图 1-2-13 中的 *A* 点，被称为假想刀尖。将实际刀尖的中心对准加工起点或某个基准位置是很困难的，而用假想刀尖的方法就变得容易了。

如果按照假想刀尖轨迹编程，那么实际刀尖圆弧在切削工件时就会造成如图 1-2-14 所示的欠切或过切现象。

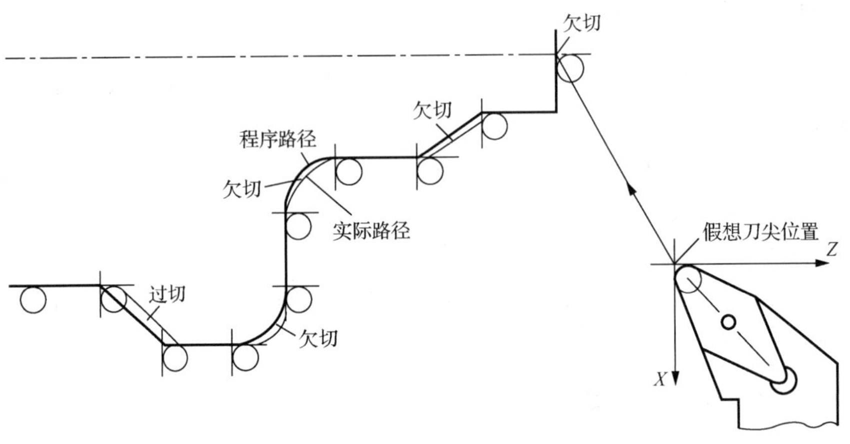

图 1-2-14　欠切或过切现象

若工件加工要求不高或留有精加工余量，则图示误差可以忽略；否则必须考虑刀尖圆弧对工件形状的影响。采用刀尖 R 补偿功能后，按照假想刀尖轨迹（工件轮廓形状）编程，数控系统会自动计算刀尖圆心轨迹，并按照刀尖圆心轨迹运动，从而消除了刀尖圆弧对工件形状的影响。

2. 刀尖 R 补偿的方法

（1）输入刀具参数

刀具参数包括 *X* 轴偏置量、*Z* 轴偏置量、刀尖 R 补偿量、假想刀尖方向。这些都与工件的形状有关，必须用参数输入数控系统数据库。图 1-2-15 所示为前置刀架刀具的假想刀尖方向编号。图 1-2-16 所示为几种前置刀架数控车刀的假想刀尖位置及参数编号。

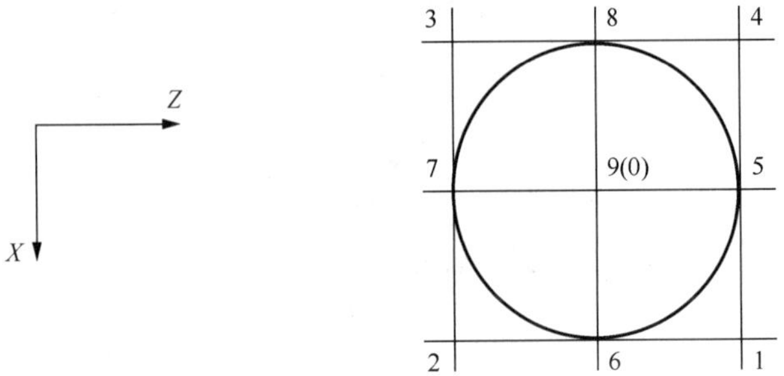

图 1-2-15　前置刀架刀具的假想刀尖方向编号

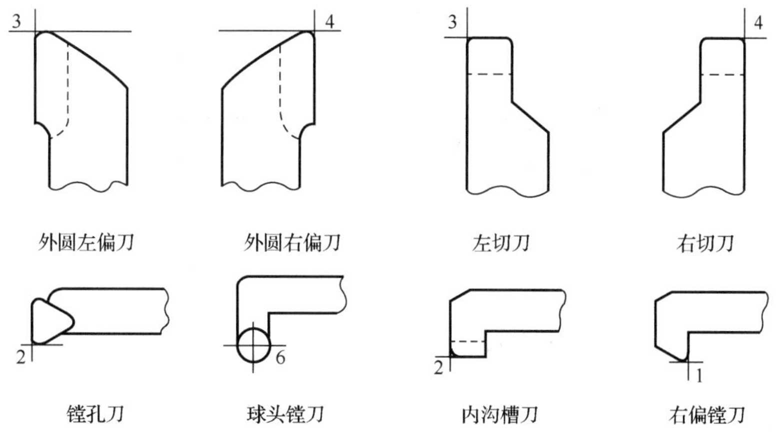

图 1-2-16　前置刀架数控车刀的假想刀尖位置及参数编号

（2）刀尖 R 补偿指令（G40、G41、G42）

1）G40（解除刀尖 R 补偿）：解除刀尖圆弧半径补偿，应写在程序开始的第一个程序段及取消刀尖圆弧半径补偿的程序段，用于取消 G41、G42 指令。

2）G41（左刀补）：从 *Y* 轴的正方向往负方向看去，面朝与编程路径一致的方向，刀具在前进方向的左侧，则使用该指令。

3）G42（右刀补）：从 *Y* 轴的正方向往负方向看去，面朝与编程路径一致的方向，刀具在前进方向的右侧，则使用该指令。

G41、G42 指令的选择如图 1-2-17 所示。

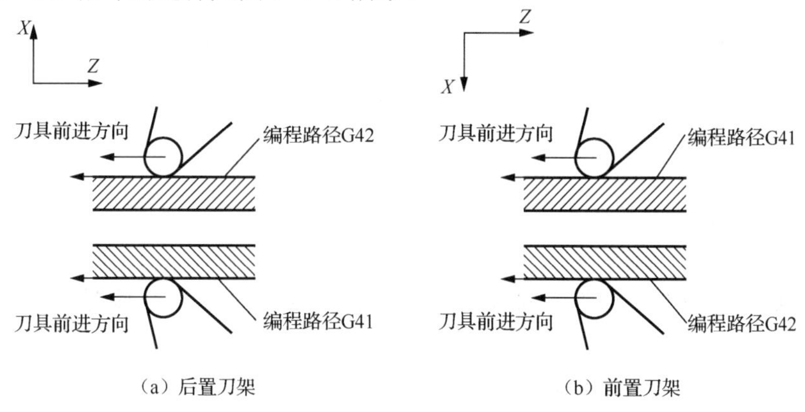

图 1-2-17　G41、G42 指令的选择

3. 刀尖 R 补偿注意事项

1）G40、G41、G42 为模态指令，在 G41 方式中，不要再指定 G41 方式，否则补偿会出错。同样，在 G42 方式中，也不要再指定 G42 方式。

2）使用 G41 或 G42 指令模式时，不允许有两个连续的非移动指令，否则刀具在前面程序段终点的垂直位置停止，且产生过切或欠切现象，如图 1-2-18 所示。

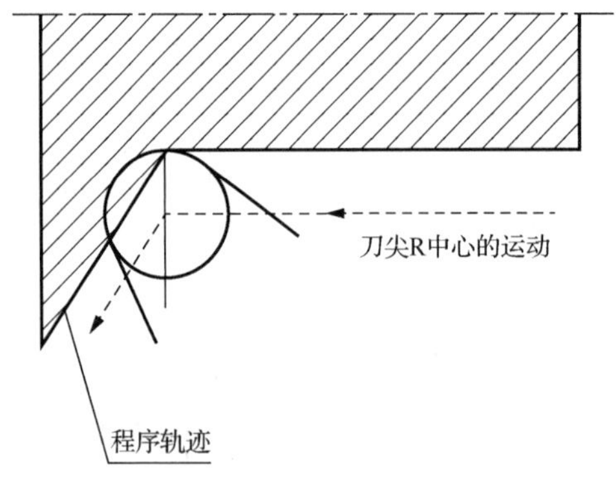

图 1-2-18 过切

3）切断端面时，为了防止在回转中心部位留下欠切的小锥，刀具 R 补偿指令开始的程序段，刀具应到达工件中心 *A* 点位置，且 $XA>R$，如图 1-2-19 所示。

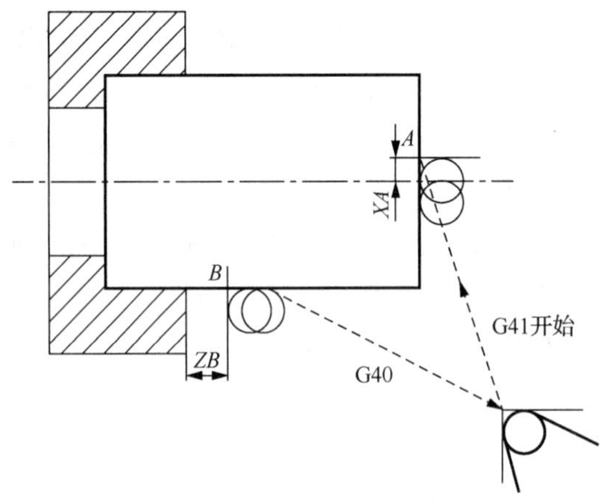

图 1-2-19 补偿在中心与端面处到达位置

4）加工终端接近卡爪或工件的端面时，指令 G40 为了防止卡爪或工件的端面被切，应在 *B* 点指定 G40，且 $ZB>R$。

5）CNC 装置只有执行了下列所有程序段时，才成为刀尖圆弧偏置状态（又称“起刀”状态）：

① 指令了 G41 或 G42 时。

② 刀尖 R 补偿号不为 0 时。

③ 移动量非 0，指令了 X、Z 时。

6）起刀之后的程序段不能马上用圆弧指令（G02、G03），否则会出现报警。

7）起刀时要读入两个程序段的指令，执行第一个程序段，第二个程序段进入刀尖 R 补偿用的缓冲寄存器中。也就是说在单步执行程序时，连续读入两个程序段的指令，执行完先读入的指令后停止。

8）从手动输入（MDI）方式下输入指令时，刀尖 R 补偿不起作用。

9）加工比刀尖圆弧半径小的圆弧内侧时，会出现报警。

1.2.7　数控车削循环功能

1. 内（外）径粗切循环指令 G71

指令格式：

```
G71U(Δd)R(e);
G71P(ns)Q(nf)U(Δu)W(Δw)F(f)S(s)T(t);
N(ns)…
    …
N(nf)…
```

指令说明：

1）Δd：切削深度（半径指定）。不指定正负符号，切削方向依照 *AA'* 的方向决定，在另一个值指定前不会改变，由 FANUC 系统参数（NO.0717）指定切削深度。

2）e：退刀行程。本指定是状态指定，在另一个值指定前不会改变，由 FANUC 系统参数（NO.0718）指定切削深度。

3）ns：精加工形状程序的第一个段号。

4）nf：精加工形状程序的最后一个段号。

5）Δu：*X* 方向精加工预留量的距离及方向（直径/半径）。

6）Δw：*Z* 方向精加工预留量的距离及方向。

在使用 G71 进行粗加工时，只有含在 G71 程序段中的 F、S、T 功能有效。包含在精加工 N1-N2 程序段中的 F、S、T 即使被指定，也只在 G70 精加工起作用。

图 1-2-20 所示为 G71 指令运动轨迹，如果用程序决定 *A* 至 *A'* 至 *B* 的精加工形状，用 Δd（切削深度）切除指定的区域，则留精加工预留量 $\Delta u/2$ 及 Δw。

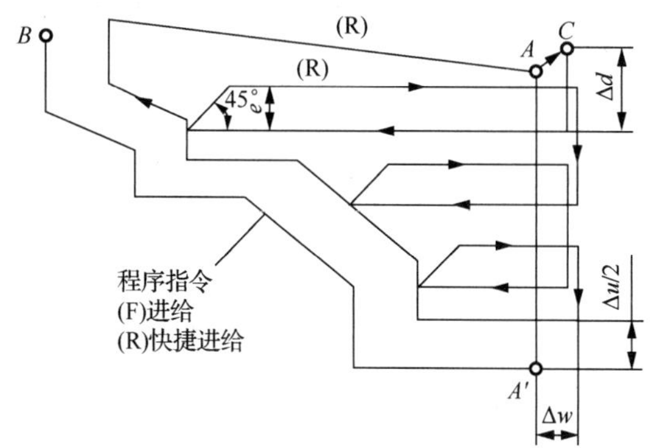

图 1-2-20　G71 指令运动轨迹图

2. 精加工循环指令 G70

指令格式：

```
G70 P(ns)Q(nf);
```

指令说明：

1）ns：精加工形状程序的第一个段号。

2）nf：精加工形状程序的最后一个段号。

3. 轮廓固定循环指令 G73

加工凹槽时，需要用 G73 指令成形重复循环加工。

指令格式：

```
G73U(Δi)W(Δk)R(d);
G73P(ns)Q(nf)U(Δu)W(Δw)F(f)S(s)T(t);
N(ns)…
…
N(nf)…
```

指令说明：

1）Δi：*X* 轴方向退刀距离（半径指定），由 FANUC 系统参数（NO.0719）指定。

2）Δk：*Z* 轴方向退刀距离（半径指定），由 FANUC 系统参数（NO.0720）指定。

3）d：分割次数，这个值与粗加工重复次数相同，由 FANUC 系统参数（NO.0719）指定。

4）其他参数同 G71 指令。

本功能用于重复切削一个逐渐变换的固定形式，用本循环可有效地切削一个用锻造或铸造等方式加工成形的工件毛坯。G73 指令运动轨迹如图 1-2-21 所示。

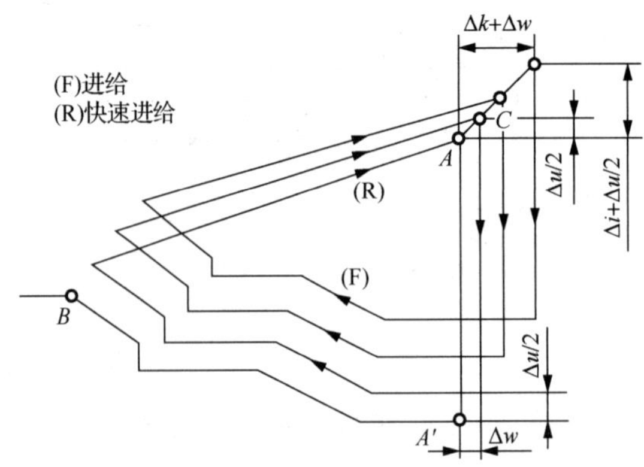

图 1-2-21 G73 指令运动轨迹图

4. 切螺纹循环指令 G76

指令格式：

```
G76 P(m)(r)(a)Q(Δdmin)R(d);
G76 X(U)Z(W)R(i)P(k)Q(Δd)F(f);
```

指令说明：

1）m：精加工重复次数（1～99）。该参数由模态指定，在另一个值指定前不会改变。该参数由 FANUC 系统参数（NO.0723）指定。

2）r：倒角量。该参数由模态指定，在另一个值指定前不会改变。该参数由 FANUC 系统参数（NO.0109）指定。

3）a：刀尖角度。可选择 80°、60°、55°、30°、29°、0°，用 2 位数指定。本指定是模态指定，在另一个值指定前不会改变。该参数由 FANUC 系统参数（NO.0724）指定，如 P（02/m、12/r、60/a）。

4）Δd_{min}：最小切削深度。本指定是模态指定，在另一个值指定前不会改变。该参数由 FANUC 系统参数（NO.0726）指定。

5）d：精加工余量，该值用带小数点的半径量表示。

6）X（U）、Z（W）：螺纹切削终点处的坐标。

7）i：螺纹两端的半径差。如果 i=0，则进行直螺纹（圆柱螺纹）切削。

8）k：螺纹高度。这个值在 *X* 轴方向用半径值指定。

9）Δd：第一刀的切削深度（半径值）。

10）f：螺纹导程，如果是单线螺纹，则该值为螺距。

5. 螺纹车削循环指令 G92

指令格式：

```
G92 X(U)_ Z(W)_ R_ F_;
```

指令说明：

1）X、Z：螺纹终点坐标值。

2）U、W：螺纹终点相对循环起点的坐标分量。

3）R：螺纹起点与终点半径差。

4）F：螺纹导程。

G92 加工圆柱螺纹时的走刀轨迹如图 1-2-22 所示（有退刀槽）。

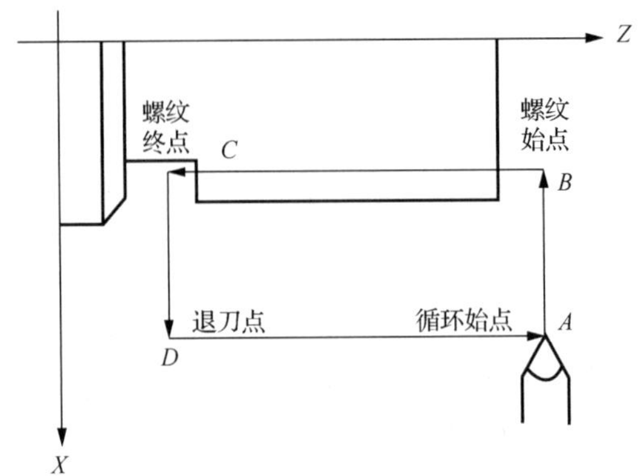

图 1-2-22　G92 加工圆柱螺纹

常用螺纹切削的进给次数与吃刀量如表 1-2-5 所示。

表 1-2-5　常用螺纹切削的进给次数与吃刀量

国际单位制螺纹										
螺距	牙深（半径量）/mm	切削次数								
		1	2	3	4	5	6	7	8	9
1	0.649	0.7	0.4	0.2						
1.5	0.974	0.8	0.6	0.4	0.16					
2	1.299	0.9	0.6	0.6	0.4	0.1				
2.5	1.624	1.0	0.7	0.6	0.4	0.4	0.15			
3	1.949	1.2	0.7	0.6	0.4	0.4	0.4	0.2		
3.5	2.273	1.5	0.7	0.6	0.6	0.4	0.4	0.2	0.15	
4	2.598	1.5	0.8	0.6	0.6	0.4	0.4	0.4	0.3	0.2

英制螺纹								
牙/in	牙深（半径量）/mm	切削次数						
		1	2	3	4	5	6	7
24	0.678	0.8	0.4	0.16				
18	0.904	0.8	0.6	0.3	0.11			
16	1.016	0.8	0.6	0.5	0.14			
14	1.162	0.8	0.6	0.5	0.3	0.13		
12	1.355	1.09	0.6	0.6	0.4	0.21		
10	1.626	1.0	0.7	0.6	0.4	0.4	0.16	
8	2.033	1.2	0.7	0.6	0.5	0.5	0.4	0.17

注：1）螺纹从粗加工到精加工，主轴的转速必须保持一常数。

2）在没有停止主轴的情况下，停止螺纹的切削将非常危险。

3）在螺纹加工中不使用恒定线速度控制功能。

1.2.8　子程序的应用

1. 子程序调用

（1）子程序调用指令 M98

指令格式：

```
M98 P___L___;
```

指令说明：

1）P：被调用的子程序号。

2）L：重复调用的次数。

（2）子程序返回指令 M99

M99 表示子程序结束，执行 M99 使控制返回到主程序。

指令格式：

```
%0001
…
M99
```

指令说明：在子程序开头必须规定子程序号，以作为调用入口地址。在子程序的结尾用 M99，以控制执行完该子程序后返回到主程序。

2. 子程序调用的应用

加工如图 1-2-23 所示的零件，若使用调用子程序的方法进行编程，则需要对其加工起点和调用次数进行计算，其计算方法如下。

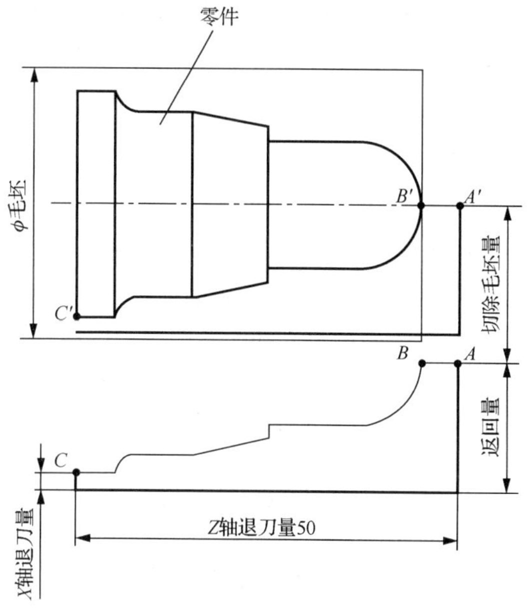

图 1-2-23　零件轮廓加工次数的计算过程

1）调用次数（L）的计算。由图可知，A 点为刀具的加工起点，B-C 为加工路线，A'点为精加工的起点，B'-C'为精加工路线。当刀具在起点 A 开始以双边 4mm 的切削深度加工 B-C 路线时，其计算公式如下：

$$L=（\phi_{毛坯}-\phi_{精加工起点}+X）/a_p \tag{1-1}$$

式中，$\phi_{毛坯}$为加工零件所需的毛坯直径；$\phi_{精加工起点}$为精加工轮廓起点的直径值；a_p 表示切削深度，为直径值；X 为当毛坯直径值减去精加工起点的直径值后所得的值不能被 a_p 整除时添加的量，使之能被 a_p 整除为止。

2）加工起点的计算。加工起点的计算就是计算出刀具的加工起点，由图可知，起刀点 A 点的坐标值的计算表示如下：

$$A_X=\phi_{毛坯}+X \tag{1-2}$$

式中，A_X 为加工起点坐标；$\phi_{毛坯}$为加工零件所需的毛坯直径；X 的含义同式（1-1）。

3）其他注意点。从加工起点 A 开始，返回时必须回到起点 A，其加工路线为一封闭的轮廓，在编程的时候必须指定 X 轴退刀量、Z 轴退刀量及返回量三个要素。其中 X 轴退刀量可以自定，只要保证每次退刀过程中不与已加工表面相碰就可以；Z 轴退刀量为刀具从起点 A 开始到 Z 向退刀时的 Z 向的位置量；返回量为刀具精加工起点 A'与加工终点 C'之间的直径差再加上 X 轴的退刀量。当 Z 轴往正方向退刀时，不能将 Z 后面的数值前输入负号，如果输入负值，刀具将往 Z 轴负方向进刀，这样很容易造成撞卡盘的事故发生。

1.2.9 宏程序的应用

使用宏指令编写的程序称为用户宏程序，简称为宏程序。数控指令采用 ISO 代码指令编程，每个代码的功能是固定的，使用者只需按照规定编程即可，但是有时这些指令满足不了使用者的需要，因此系统提供了用户宏程序功能。

1. 非圆曲线

（1）非圆曲线数学表达式

非圆曲线有解析曲线与像列表曲线那样的非解析曲线。以列表坐标点来确定轮廓形状的零件称为列表曲线（或曲面）零件，所确定的曲线（或曲面）称为列表曲线（或曲面）。列表曲线的特点是曲线上各坐标点之间没有严格的连接规律。对于手工编程来说，一般解决的是解析曲线的加工。解析曲线的数学表达式可以 $Y=f(X)$ 直角坐标的形式给出，也可以参数方程的形式给出，还可以 $\rho=\rho(\theta)$ 的极坐标形式给出。下面以椭圆曲线为例进行说明，如图 1-2-24 所示。

1）直角坐标。椭圆长半轴为 A、短半轴为 B，椭圆曲线表示如下：

$$\frac{X^2}{A^2}+\frac{Y^2}{B^2}=1 \tag{1-3}$$

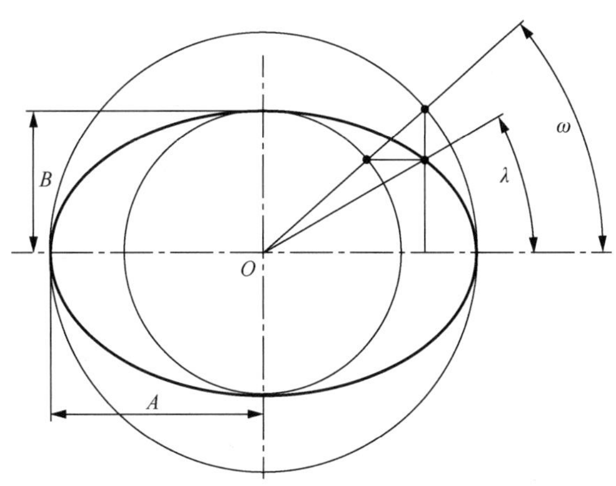

图 1-2-24　椭圆几何作图法

2）参数方程。若已知 A、B 数值，转角变量 ω 从 0° 到 360° 变化，可以用几何作图法绘制椭圆，其中大圆半径为 A，小圆半径为 B，椭圆上任意一点与圆心连线与水平向右轴线夹角称为圆心角 λ。椭圆曲线可表示如下：

$$\begin{cases} X = A\cos\omega \\ Y = B\sin\omega \end{cases} \tag{1-4}$$

3）极坐标。椭圆曲线相对于中心点的极坐标形式如下：

$$r = \frac{AB}{\sqrt{A^2\sin^2\omega + B^2\cos^2\omega}} = \frac{B}{\sqrt{1-\varepsilon^2\cos^2\omega}} \tag{1-5}$$

式中，r 是极坐标长度；ω 是转角；ε 是椭圆的离心率。椭圆的形状可以用离心率的值来表达。离心率是小于 1、大于等于 0 的正数。离心率为 0 表示两个焦点重合，图形是圆。对于半长轴为 A 和半短轴为 B 的椭圆，离心率表示如下：

$$\varepsilon = \sqrt{1-\frac{B^2}{A^2}} \tag{1-6}$$

离心率越大，A 与 B 的比率就越大，椭圆形状更加拉长。

（2）加工原理

对非圆曲线轮廓进行编程时，通常用直线段或圆弧段逼近非圆曲线。由于直线段替代法简单、直观，因此使用较多。用直线段逼近非圆曲线的方法有两种：等间距法适用于直角坐标方程表达的曲线；等转角法适用于参数方程表达的曲线。

1）等间距法。等间距法就是将某一坐标轴划分成相等的间距，如图 1-2-25 所示，沿 X 轴方向取 Δx 为等间距长，根据已知曲线方程 $Y = f(X)$，可由 x_i 求得 y_i，$y_{i+1} = f(x_i + \Delta x)$，如此求得一系列点就是曲线上的节点。将获得的相邻节点用线段连接。用这些线段组成的折线代替原来的轮廓曲线，采用直线插补方式（G01 指令）即可。

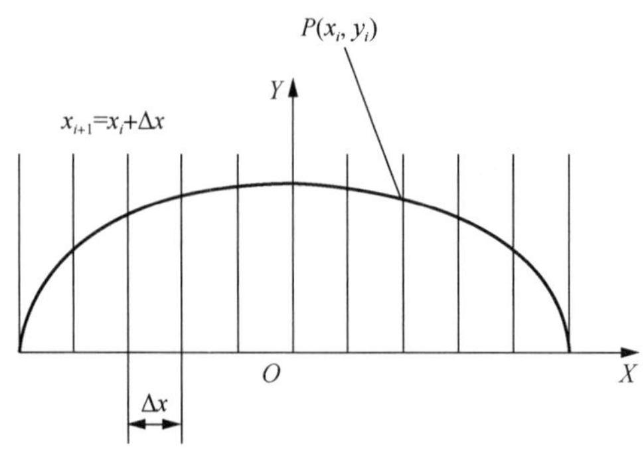

图 1-2-25　等间距法示意图

显然，间距 Δx 越大，节点越少，产生的逼近误差也越大。假设间距 Δx 很小，则节点就足够多，使得逼近误差小于等于零件公差的 1/5，则逼近误差就不会影响零件的加工精度。

2）等转角法。等转角法就是将某一旋转轴的转角分成若干等份，应用于一些可用参数方程表达的非圆曲线，如椭圆、双曲线。如图 1-2-26 所示，取 $\Delta\omega$ 为等转角，根据式（1-4），由 ω_i 求得 P 点（x_i, y_i）坐标，令 $\omega_{i+1}=\omega_i+\Delta\omega$，求得相邻点（$x_{i+1}, y_{i+1}$）坐标，这样求得一系列曲线上的节点。将获得的相邻节点用线段连接，用这些线段组成的折线代替原来的轮廓曲线，采用直线插补方式（G01 指令）即可。为了研究问题方便，在此处把图 1-2-26 所示的椭圆转角和圆心角合二为一。

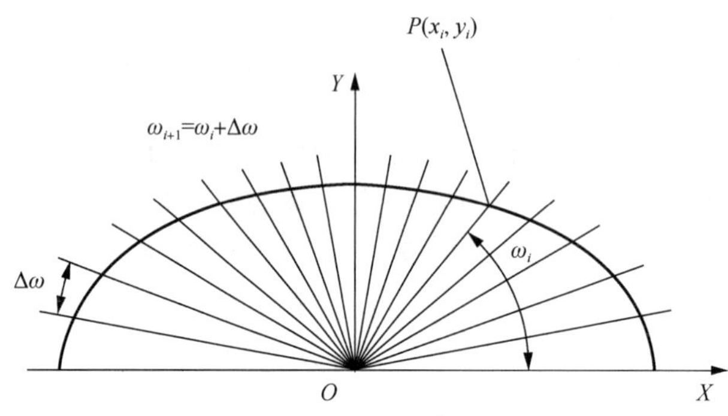

图 1-2-26　等转角法示意图

对非圆曲线进行宏程序编程，有时采用参数方程表达式，数学计算更为简便，此时就要用到等转角法。

2. 宏程序编程

（1）宏变量及常量

1）宏变量。在常规的主程序和子程序中，总是将一个具体的数值赋给一个地址，如 G01X60Z-30。为了使程序更具通用性、更加灵活，在宏程序中设置变量。

① 变量的表示。变量可以用“#”与紧跟其后的变量序号来表示，如#i（i=1,2,3…）。

例如，#5，#109，#501 表示不同的变量。又如，直线方程 $Y=3X$ ，如果#2 代表 Y，#1 代表 X，那么直线方程也可写成：#2=3×#1，其实“#+数字”只是代表一个变量。再如，方程 $Y=3X$ ，如果#2 代表 Y，#1 代表 X，那么方程也可写成：#2=3×#1×#i。

② 变量的引用。将跟随在一个地址后的数值用一个变量来代替，即引入了变量，需要注意加“[ ]”。例如，对于 G[#130]，若#130=01，则为 G01；对于 Z[-#110]，若#110=100，则为 Z-100；对于 F[#103]，若#103=50，则为 F50。依此类推，编程语句 G01Z-100F50 即等同于 G[#130]Z[-#110]F[#103]。

③ 变量的类型。变量分为公共变量和系统变量两类。

a．公共变量又分为全局变量和局部变量。全局变量是在主程序和主程序调用的宏程序内都有效的变量，也就是说，在一个宏指令中的#i 与在另一个宏指令中的#i 是相同的。局部变量仅在主程序和当前宏程序内有效，也就是说，在若干个宏指令中的#i 是不一定相同的。公共变量的序号如下：

全局变量的序号为：#50--#199;
当前局部变量的序号为：#0--#49;
0 层局部变量的序号为：#200--#249;
1 层局部变量的序号为：#250--#299;
2 层局部变量的序号为：#300--#349;
3 层局部变量的序号为：#350--#399;
4 层局部变量的序号为：#400--#449;
5 层局部变量的序号为：#450--#499;
6 层局部变量的序号为：#500--#549;
7 层局部变量的序号为：#550--#599。

此处注意，对编程人员来说，只用到全局变量序号为#50--#199 和当前局部变量序号为#0--#49。

b．系统变量定义为有固定用途的变量，它的值决定系统的状态。系统变量包括刀具偏置变量、接口的输入/输出信号变量、位置信号变量等。例如：

#600--#699　　刀具长度寄存器 H0--H99
#700--#799　　刀具半径寄存器 D0—D99
#800--#899　　刀具寿命寄存器
#1000 机床当前位置 X　　#1003 机床当前位置 A
#1009 保留　　#1010 编程机床位置 X
#1021 编程工件位置 Y　　#1030 当前工件零点 X
#1190 用户自定义输入　　#1191 用户自定义输出
#1192 自定义输出屏蔽　　#1194 保留

2）常量。类似于高级编程语言中的常量，常量主要有三个，PI：圆周率，如 sin(30°) 表示为 sin(PI/6)；TRUE（真）：条件成立；FALSE（假）：条件不成立。

（2）运算符与表达式

1）运算符。在宏程序中的各运算符、函数将实现丰富的宏程序功能。

① 算术运算符：+、−、*、/。

② 条件运算符：EQ（=）、NE（≠）、GT（>）、GE（≥）、LT（<）、LE（≤）。

③ 逻辑运算符：AND（与）、OR（或）、NOT（非）。

④ 函数：SIN（正弦）、COS（余弦）、TAN（正切）、ABS（绝对值）、ATAN（反正切-90°～90°）、INT（取整）、ATAN2（反正切-180°～180°）、SIGN（取符号）、SQRT（平方根）、EXP（指数）。

2）表达式。把常数、宏变量、函数用运算符连接起来构成一个语句即是表达式。例如，若#3=3，则#3*6 GT 14 成立。又如，“175/SQRT[2*COS[55*PI/180]]; ”数学语句即为$175/\sqrt{2\times\cos(55^\circ)}$。

（3）语句表达式

在 FANUC 系统中的语句表达式有如下三种：

1）赋值语句。格式如下：

```
宏变量=常数或表达式
```

把常数或表达式的值送给一个宏变量称为赋值。若不赋值就认为该宏变量值为 0。例如：

```
#2=175/SQRT[2*COS[55*PI/180]];
#5=124.0
#11=40*SIN[#1]      //设#1=PI/3
```

2）条件判别语句 IF、ELSE、ENDIF。一般用在固定循环指令宏程序，实现源代码编写，由厂方设计，对编程人员来说，只需了解。

格式（i）如下：

```
IF 条件表达式    条件成立（真）
  …
ELSE           条件不成立（假）
  …
ENDIF
```

格式（ii）如下：

```
IF 条件表达式    条件成立（真）
 …
 ENDIF
```

3）循环语句 WHILE ENDW。格式如下：

```
WHILE 条件表达式                条件成立（真）
…
ENDW
```

例 1-8：已知圆方程 $x^2+y^2=40^2$，编制走刀轨迹为第一象限逆时针圆的程序。圆可用参数方程表达式如下：

$$\begin{cases} x = 40\cos(\omega) \\ y = 40\sin(\omega) \end{cases}$$

若为第一象限半圆，则 ω 从 0°～90° 变化，如图 1-2-27 所示。编写轨迹是 1/4 半圆的程序如下：

```
G00x40Y0Z0                //快速定位在 A 点
#1=0                      //转角变量初值为 0°
WHILE #1 LE PI/2          //当转角小于等于 90°时，条件成立，往下执行；大于
                            90°时，条件不成立，转到 ENDW 语句，结束循环
#11=40*COS[#1]            //求取某点的 X 坐标
#12=40*SIN[#1]            //求取某点的 Y 坐标
G01X[[#11]]Y#12]F50       //以直线插补方式从前一点走到该点
#1=#1+PI/180              //转角加上 1°，再到 WHILE 所在语句，进行判别
ENDW                      //结束循环、往下执行
G00Y0                     //快速定位到 O 点
```

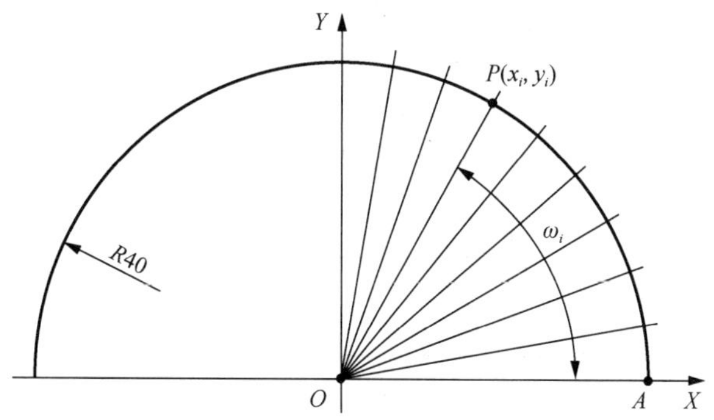

图 1-2-27　等转角法编程示例

例 1-9：编写抛物线 $Z=X^2/8$ 在区间[0,16]的一段曲线的程序，走刀轨迹如图 1-2-28 所示。

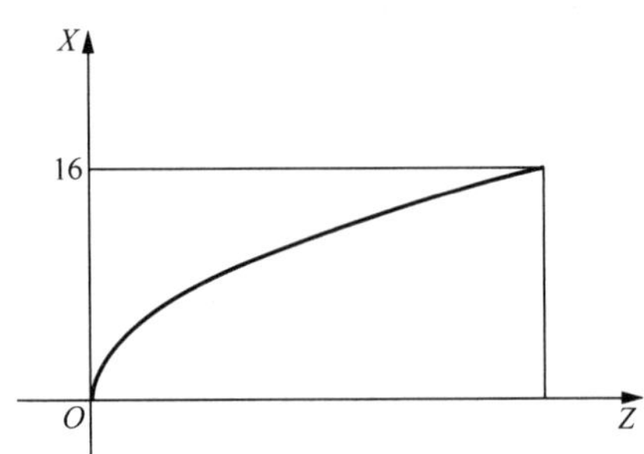

图 1-2-28　等间距法编程示例

编写程序如下：

```
G00X0Z0             //快速定位到坐标原点
#1=0                //X 方向变量初值为 0
WHILE #1 LE 16      //当变量小于等于 16 时，条件成立，往下执行；大于 16 时，条件
                      不成立，转到 ENDW 语句，结束循环
#2=#1*#1/8          //对应点的 X 坐标，计算出该点的 Z 坐标
G01X[#1]Z[#2]F60    //以直线插补方式从前一点走到该点
#1=#1+0.1           //每次增量为 0.1
ENDW                //结束循环、往下执行
G00X0Z0             //快速回到坐标原点
```

（4）编写设计流程

宏程序编写时，首先确定一个合适的变量，根据曲线方程找到曲线上某点的各轴坐标与变量的函数关系。编写设计流程图，如图 1-2-29 所示。

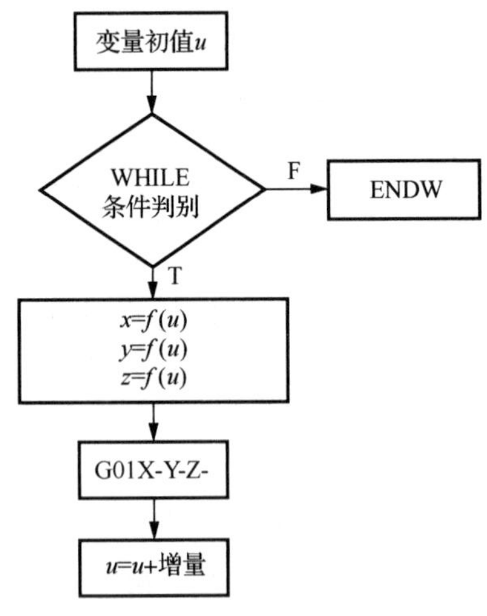

图 1-2-29　设计流程图

3. UG 设计软件应用

（1）输入公式

1）圆方程转换。圆的参数方程是 $x = r\sin(\alpha)$， $y = r\cos(\alpha)$，其中 r 为一个常值；α 为角度变量，要从 0° 递增到 360°。在 UG 软件表达式功能里，必须用到一个参数符号 t， t 为系统内部变量，它永远仅从 0 递增到 1。所以改变方程表达式，即得曲线方程 $xt = r\sin(360\times t)$， $yt = r\cos(360\times t)$。在 UG 软件中默认变量 xt、 yt 各自对应 x、 y 变量。圆方程转换为符合 UG 格式的表达式结果如下：

```
t=1                           //表示从 0 递增到 1
r=100                         //假设
xt=rsin(360*t)
yt=rcos(360*t)
```

2）四叶玫瑰线方程转换。四叶玫瑰线的极坐标方程是 $r = a\times\cos(2\alpha)$；转换成直角坐标方程为 $X = a\times\cos(2\alpha)\times\cos(\alpha)$， $Y = a\times\cos(2\alpha)\times\sin(\alpha)$。其中 a 是四叶玫瑰线的基圆半径，α 是角度（或称极角）；a 是四叶玫瑰线的极长，X 和 Y 是坐标轴。转换为符合 UG 格式的表达式结果如下：

```
t=1
a=100
xt=a*cos(720*t)*cos(360*t)
yt= a*cos(720*t)*sin(360*t)
```

3）输入公式具体操作步骤如下：

① 启动 UG 程序后，新建一个名称为 siye.prt 的模型文件，其单位为毫米，如图 1-2-30 所示。

图 1-2-30　文件创建

② 选择主菜单中的“工具”｜“表达式”命令，如图 1-2-31 所示，打开“表达式”对话框，如图 1-2-32 所示。

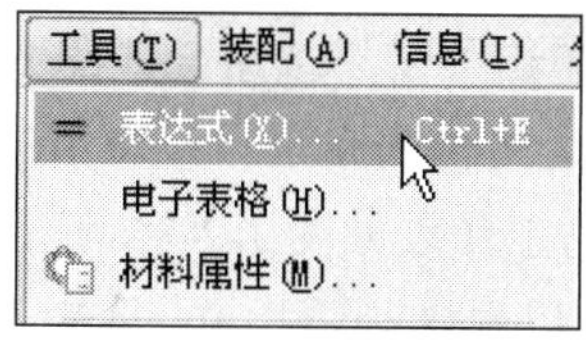

图 1-2-31　“工具”菜单

图 1-2-32 “表达式”对话框

③ 默认“类型”为“数字”，在“名称”文本框中输入“t”，在“长度”下拉列表中选择“恒定”选项，在“公式”文本框中输入“1”，单击“√”按钮，如图 1-2-33 所示。

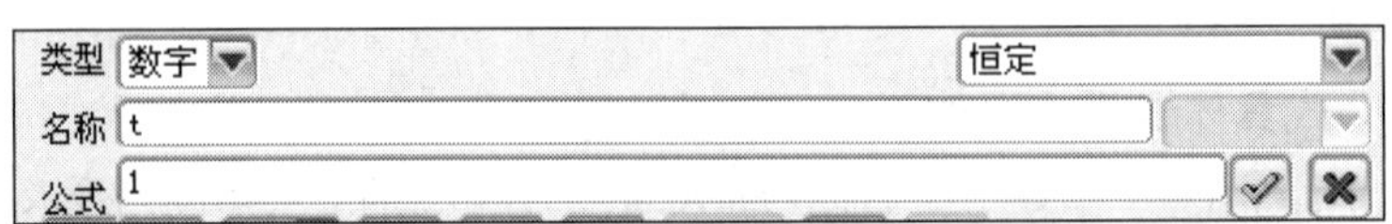

图 1-2-33 输入参数

④ 继续在图 1-2-32 所示对话框中输入，默认“类型”为“数字”，在“名称”文本框中输入“a”，在“长度”下拉列表中选择“恒定”选项，在“公式”文本框中输入“100”，单击“√”按钮。

⑤ 继续在图 1-2-32 所示对话框中输入，默认“类型”为“数字”，在“名称”文本框中输入“xt”，在“长度”下拉列表中选择“恒定”选项，在“公式”文本框中输入“=a*cos（720*t）*cos（360*t）”，单击“√”按钮。注意输入时不要遗漏乘号“*”。

⑥ 继续在图 1-2-32 所示对话框中输入，默认“类型”为“数字”，在“名称”文本框中输入“yt”，在“长度”下拉列表中选择“恒定”选项，在“公式”文本框中输入“=a*cos（720*t）*sin（360*t）”，单击“√”按钮，如图 1-2-34 所示。

⑦ 单击“确定”按钮，表达式输入完毕。若想清楚地看到表达式里的公式，可单击图 1-2-34 中的图标，打开的工作表如图 1-2-35 所示。

其他曲线的表达式输入，可以参考给定的 Excel 表格。输入表达式时，注意先确定数据类型是恒定、长度还是角度，选好相应单位。示例中除了“t”数据类型是恒定外，

“a、xt、yt”三者数据类型也可以是长度。“名称”文本框中输入等式左边名称，“公式”文本框中输入等式右边表达式。输入有关字母时不必区分大小写。

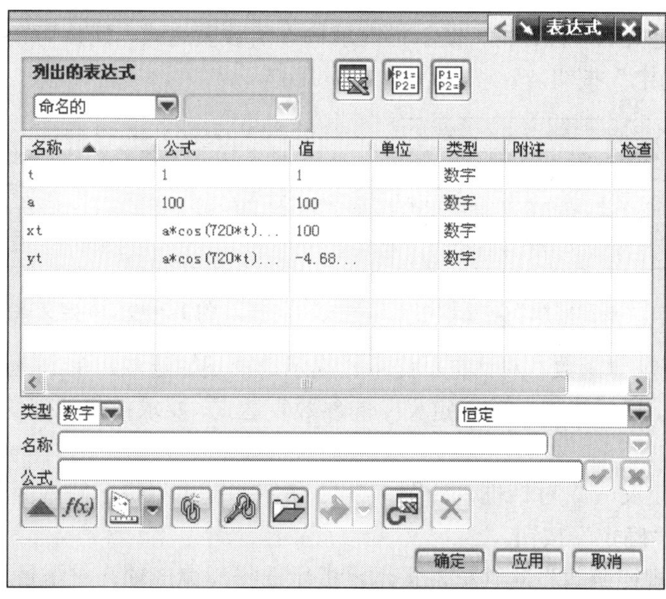

图 1-2-34　完整表达式

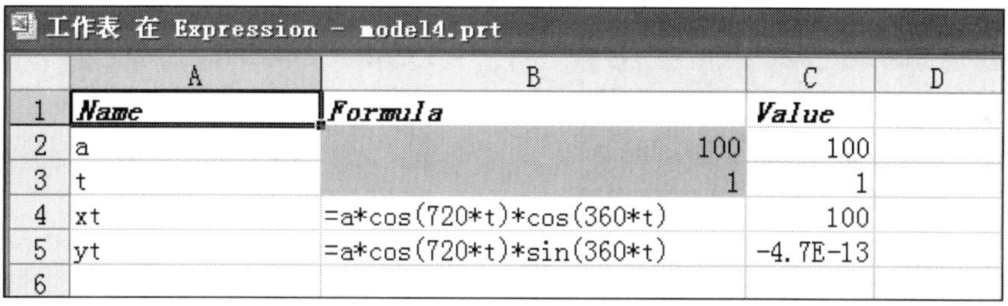

工作表 在 Expression - model4.prt

	A	B	C	D
1	*Name*	*Formula*	*Value*	
2	a	100	100	
3	t	1	1	
4	xt	=a*cos(720*t)*cos(360*t)	100	
5	yt	=a*cos(720*t)*sin(360*t)	-4.7E-13	
6				

图 1-2-35　四叶玫瑰线表达式

（2）绘制曲线图形

绘制曲线图形具体操作步骤如下：

① 单击“曲线”工具卡中的 XYZ= 按钮，如图 1-2-36 所示，打开如图 1-2-37 所示“规律函数”对话框。

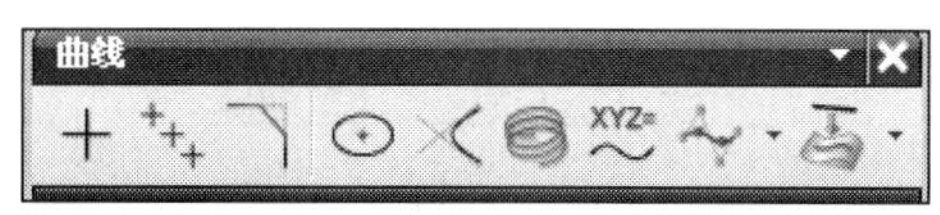

图 1-2-36　“曲线”工具卡

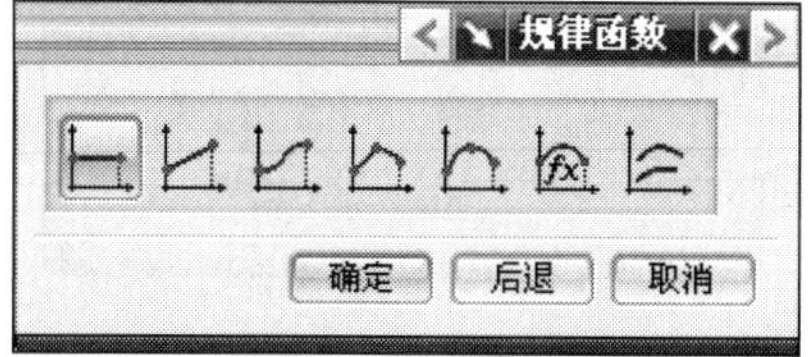

图 1-2-37　“规律函数”对话框

② 提示栏提示选择规律选项，单击按钮，打开“规律曲线”对话框，如图 1-2-38 所示，提示栏提示输入定义 x 的参数表达式，要求指定基础变量，默认为“t”，单击“确定”按钮。

③ 打开“定义 X”对话框，提示栏提示输入函数表达式，默认为“xt”，如图 1-2-39 所示，单击“确定”按钮。

图 1-2-38 “规律曲线”对话框

图 1-2-39 “定义 X”对话框

④ 打开 “规律函数“对话框，提示栏提示选择规律选项，单击按钮，打开“规律曲线”对话框，提示栏提示输入定义 y 的参数表达式，要求指定基础变量，默认为“t”，单击“确定”按钮。

⑤ 打开“定义 Y”对话框，如图 1-2-40 所示，提示栏提示输入函数表达式，默认为“yt”，单击“确定”按钮。

⑥ 打开“规律函数”对话框，提示栏提示选择规律选项，单击按钮，打开“规律控制的”对话框，如图 1-2-41 所示，提示栏提示定义 Z-指定函数值，把“规律值”文本框中的“1”改为“0”，单击“确定”按钮。

图 1-2-40 “定义 Y”对话框

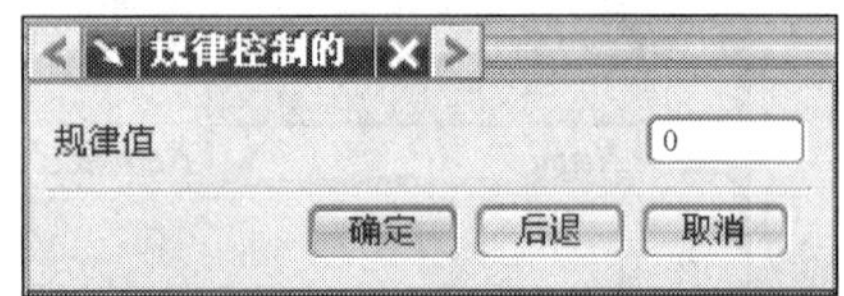

图 1-2-41 “规律控制的”对话框

⑦ 打开“规律曲线”对话框，如图 1-2-42 所示，单击“确定”按钮。打开“视图”对话框，如图 1-2-43 所示，把视图调整到俯视图，即有最佳效果曲线生成，如图 1-2-44 所示。

图 1-2-42 “规律曲线”对话框

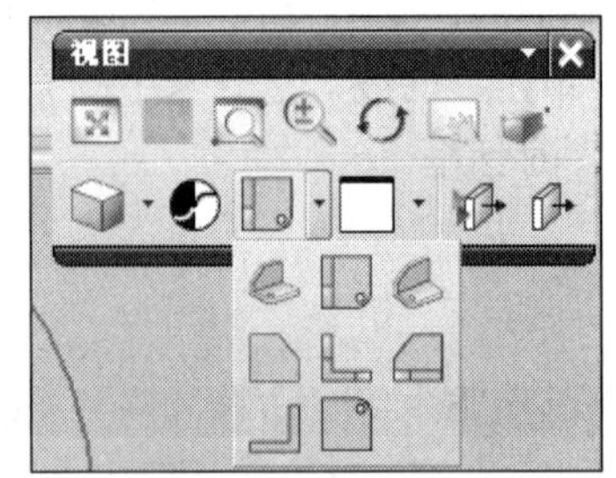

图 1-2-43 “视图”对话框

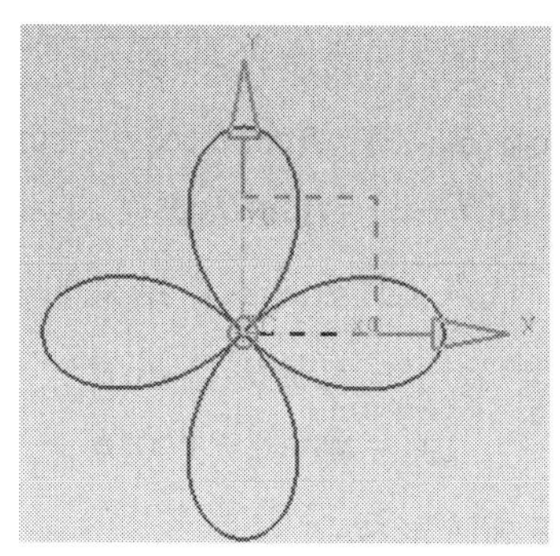

图 1-2-44　四叶玫瑰线效果图

（3）平移和旋转变换

1）平移是指移动一个点。如图 1-2-45 所示，设将点 p 平移到点 p'。

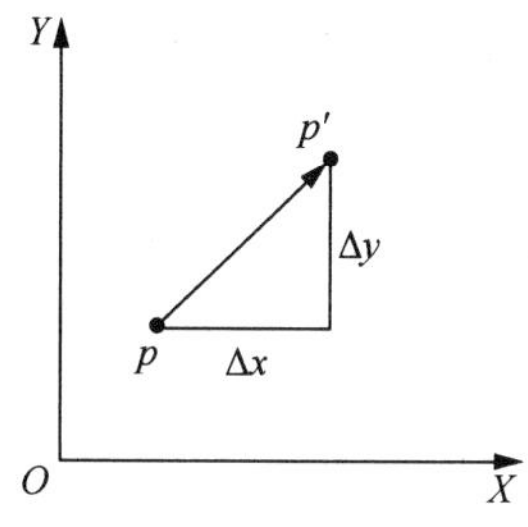

图 1-2-45　二维平移

其中，沿 X 方向移动 Δx，沿 Y 方向移动 Δy，可以将此平移表示如下：

$$\begin{cases} x' = x + \Delta x \\ y' = y + \Delta y \end{cases} \tag{1-7}$$

其向量形式为 $\boldsymbol{p}' = \boldsymbol{p} + \begin{bmatrix} \Delta x \\ \Delta y \end{bmatrix}$。

2）旋转变换。坐标系中任意一个点的旋转可通过一条旋转轴和一个旋转角定义。为便于计算，将旋转轴选为坐标系的某一坐标轴，图 1-2-46 所示是点 $P(x, y)$ 环绕 Z 轴（根据右手笛卡儿坐标系确定），旋转 θ 角后到达 P'点（x', y'）的一个二维旋转的例子。

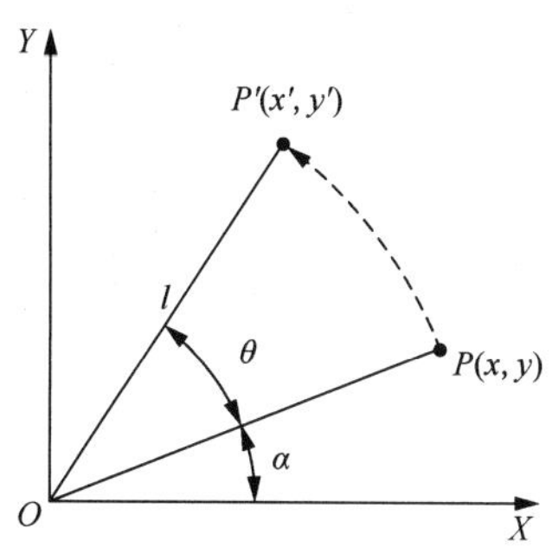

图 1-2-46　点的二维旋转

旋转变换公式推导，由图得出以下表达式：

$$\begin{cases} x' = l\cos(\theta+\alpha) = l(\cos\theta\cos\alpha - \sin\theta\sin\alpha) \\ y' = l\sin(\theta+\alpha) = l(\sin\theta\cos\alpha + \cos\theta\sin\alpha) \end{cases} \tag{1-8}$$

把 $l\cos\alpha = x$， $l\sin\alpha = y$ 代入上述表达式，结果如下：

$$\begin{cases} x' = x\cos\theta - y\sin\theta \\ y' = x\sin\theta + y\cos\theta \end{cases} \tag{1-9}$$

可以将式（1-7）写成如下矩阵形式：

$$\boldsymbol{P}' = \begin{bmatrix} x' \\ y' \end{bmatrix} = \boldsymbol{R}(z,\theta)\boldsymbol{P} = \begin{bmatrix} \cos\theta & -\sin\theta \\ \sin\theta & \cos\theta \end{bmatrix}\begin{bmatrix} x \\ y \end{bmatrix} \tag{1-10}$$

矩阵 $\boldsymbol{R}(z,\theta)$ 称为绕 Z 轴进行二维旋转的变换矩阵。可以用相同的方式得到 $\boldsymbol{R}(x,\theta)$ 和 $\boldsymbol{R}(y,\theta)$ 。在三维空间，旋转变换矩阵有 $3\times3=9$ 个元素，即：

$$\begin{cases} \boldsymbol{R}(x,\theta) = \begin{bmatrix} 1 & 0 & 0 \\ 0 & \cos\theta & -\sin\theta \\ 0 & \sin\theta & \cos\theta \end{bmatrix} \\ \boldsymbol{R}(y,\theta) = \begin{bmatrix} \cos\theta & 0 & \sin\theta \\ 0 & 1 & 0 \\ -\sin\theta & 0 & \cos\theta \end{bmatrix} \\ \boldsymbol{R}(z,\theta) = \begin{bmatrix} \cos\theta & -\sin\theta & 0 \\ \sin\theta & \cos\theta & 0 \\ 0 & 0 & 1 \end{bmatrix} \end{cases} \tag{1-11}$$

3）绘制如图 1-2-47 所示的正弦曲线图形。

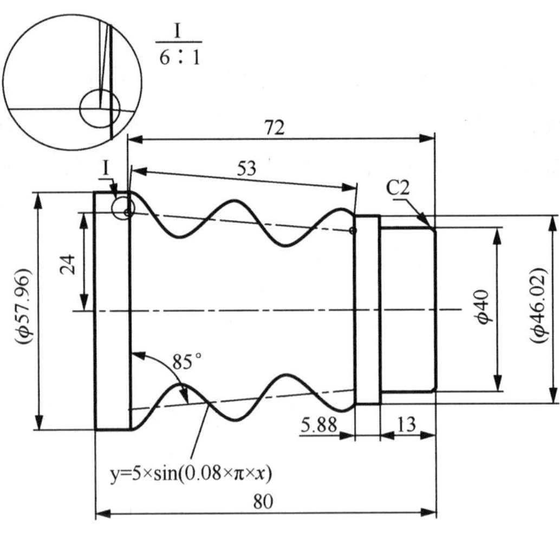

图 1-2-47 倾斜正弦曲线

该段轮廓曲线起始位置是正的正弦曲线，经过平移和旋转实现，过程如下：

① 确定方程式。最初的曲线方程为

$$y = 5 \times \sin(0.08 \times \pi \times x)$$

曲线如图 1-2-48 所示。

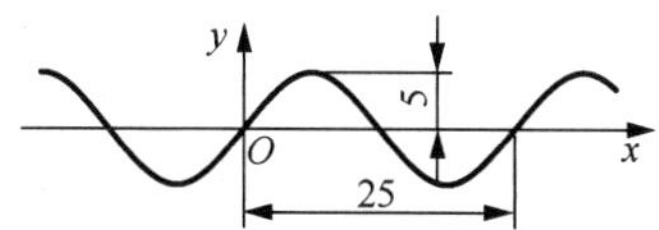

图 1-2-48　最初曲线图形

把图形向左平移相位角 $\pi / 2$，方程变为如下形式：

$$y = 5 \times \sin(0.08 \times \pi \times x + \pi / 2)$$

当 x 从 0 至 53 变化时，曲线如图 1-2-49 所示。

把图中的曲线，以坐标原点为旋转中心，绕 Z 轴逆时针转过 355°，即得图 1-2-50 所示图形。

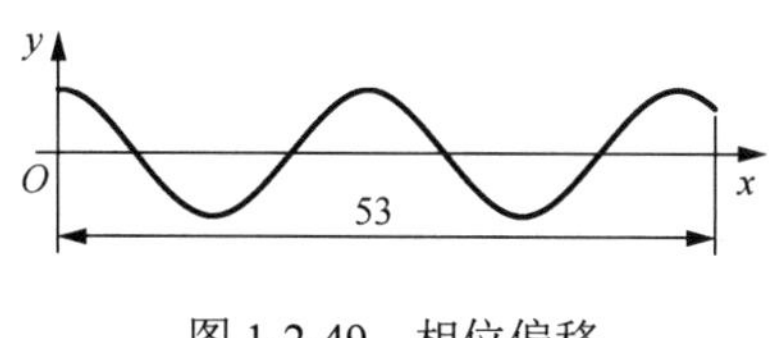

图 1-2-49　相位偏移

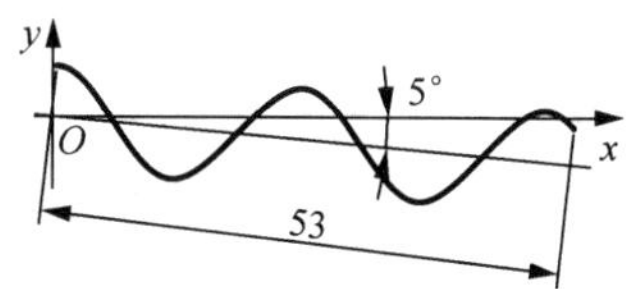

图 1-2-50　旋转变换

首先采用式（1-10）进行旋转变换，得以下表达式：

$$\begin{bmatrix} x \\ y \end{bmatrix} = \begin{bmatrix} \cos\theta & -\sin\theta \\ \sin\theta & \cos\theta \end{bmatrix} \begin{bmatrix} x \\ 5 \times \sin(0.08 \times \pi \times x + \pi / 2) \end{bmatrix}$$

按式（1-9）进行拆分，得原坐标系下经旋转变换后的方程式：

$$\begin{cases} x = x\cos\theta - 5 \times \sin(0.08 \times \pi \times x + \pi/2) \times \sin\theta \\ y = x\sin\theta + 5 \times \sin(0.08 \times \pi \times x + \pi / 2) \times \cos\theta \end{cases}$$

再利用式（1-7）进行平移，得到图 1-2-47 所示轮廓曲线的最终表达式（坐标原点设在工件右端面中心）：

$$\begin{cases} x = x\cos\theta - 5 \times \sin(0.08 \times \pi \times x + \pi/2) \times \sin\theta - 72 \\ y = x\sin\theta + 5 \times \sin(0.08 \times \pi \times x + \pi / 2) \times \cos\theta + 24 \end{cases}$$

② UG 软件验证。在 UG 表达式模块中，输入如图 1-2-51 所示的表达式。需要注意，UG 软件只能用度数来表示角度，不能用弧度。

	A	B	C
1	***Name***	***Formula***	***Value***
2	a	355	355
3	t	1	1
4	u	=53*t	53
5	x	=u	53
6	xt	=x*cos(a)-y*sin(a)-72	-18.884
7	y	=5*sin(0.08*180*x+90)	3.644843
8	yt	=x*sin(a)+y*cos(a)+24	23.01172

图 1-2-51　倾斜正弦曲线表达式

输入表达式后，用绘制规律曲线命令得图 1-2-52 所示图形，不难发现其与图样要求相符。

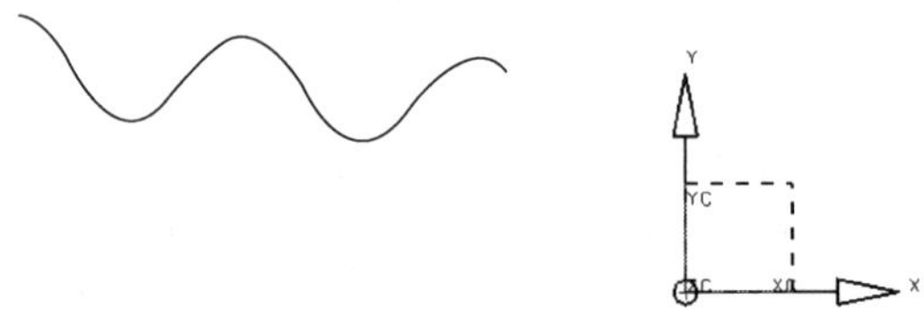

图 1-2-52　绘图结果

（4）简单椭圆类零件数控车床宏程序编制

零件如图 1-2-53 所示，其原点 O 是椭圆中心。

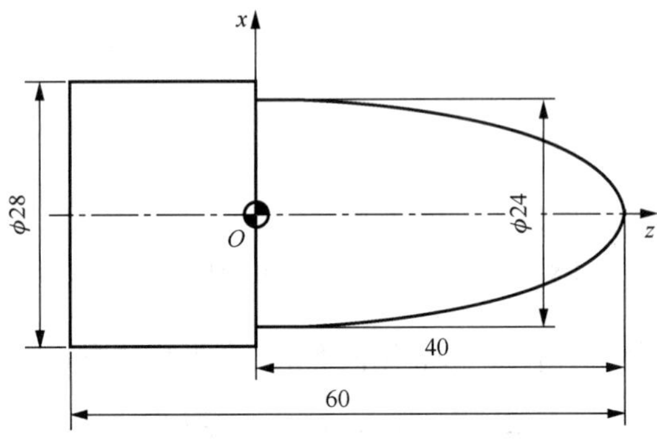

图 1-2-53　椭圆轴加工图样

1）数学分析。图中的坐标系是数控车床后置刀架的工件坐标系，椭圆图形是在 xy 坐标系下，可将图中的 x 轴看作 y 轴，将 z 轴看作 x 轴。由图得出椭圆方程为

$$\frac{x^2}{a^2}+\frac{y^2}{b^2}=1$$

式中，a=40，b=12，坐标原点在 O 点，设 x 为变量，则方程式为

$$\begin{cases} x' = x \\ y' = b \times \sqrt{1-\dfrac{x^2}{a^2}} \end{cases}$$

对旋转类零件只要加工一半轮廓即可，所以此处 y 取正值。

2）用 UG 软件绘制曲线。把 x 作为变量（即图 1-2-54 中的 u）从 40 到 0 变化。在 UG 表达式模块中，输入如图 1-2-54 所示的表达式。

工作表 在 Expression - model1.prt

	A	B	C
1	***Name***	***Formula***	***Value***
2	a	40	40
3	b	12	12
4	t	1	1
5	u	=40*(1-t)	0
6	xt	=u	0
7	yt	=b*sqrt(1-u*u/a/a)	12

图 1-2-54　直角坐标参数输入

输入表达式后，用绘制规律曲线命令即可得图 1-2-55 所示图形。

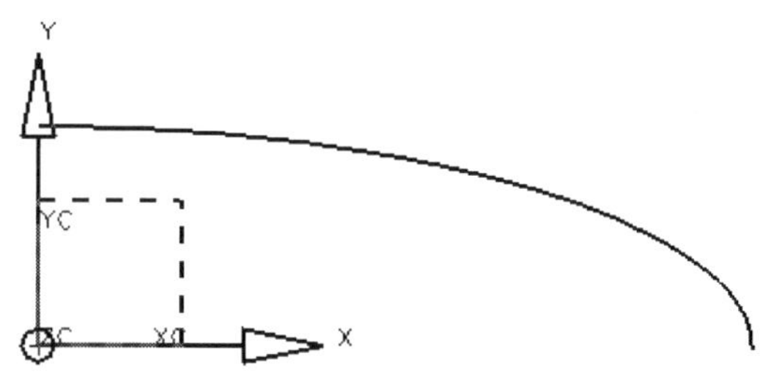

图 1-2-55　直角坐标椭圆绘制

3）坐标系转换。首先解决与数控车床系统坐标系相衔接的问题，分析图 1-2-53 与图 1-2-55 所用坐标系，不难发现图 1-2-55 的 x 坐标轴就是图 1-2-53 的 z 坐标轴，图 1-2-55 的 y 坐标轴就是图 1-2-53 的 x 坐标轴。因而在工件坐标系下椭圆一般方程即变成如下表达式：

$$\begin{cases} z' = z \\ x' = b \times \sqrt{1 - \dfrac{z^2}{a^2}} \end{cases}$$

式中，z 从 40 到 0 变化。

4）编程。设 z 为变量，初值为 40、终值为 0，编写宏程序如下：

```
#1=40                              //变量初值
WHILE #1 GE 0                      //当变量值大于等于 0
#11=12*sqrt[1-#1*#1/1600]          //算出 X 坐标
#12=#1                             //算出 Z 坐标
G01X[2*[#11]]Z[#12]                //直径编程方式
#1=#1-0.02                         //每一次递减 0.02
ENDW
```

第 2 章　外轮廓循环编程及加工实例详解

学习要点

1）读懂零件图，掌握外圆、端面的加工方法和工艺要求。

2）掌握数控外圆车刀的选择并能正确安装刀具。

3）掌握数控加工的操作步骤并能编写外轮廓加工程序。

技能目标

1）能熟练操作 FANUC 系统的数控车床。

2）能掌握零件外轮廓的加工方法并掌握外圆尺寸修调的方法。

3）能使用各种测量工具进行零件尺寸的检测，准确控制零件的外轮廓尺寸。

2.1　台阶轴零件加工实例

2.1.1　台阶轴零件加工实例详解

1. 图样

台阶轴零件加工实例图样如图 2-1-1 所示。

2. 材料、工量具清单

加工台阶轴零件所需材料、工量具清单如表 2-1-1 所示。

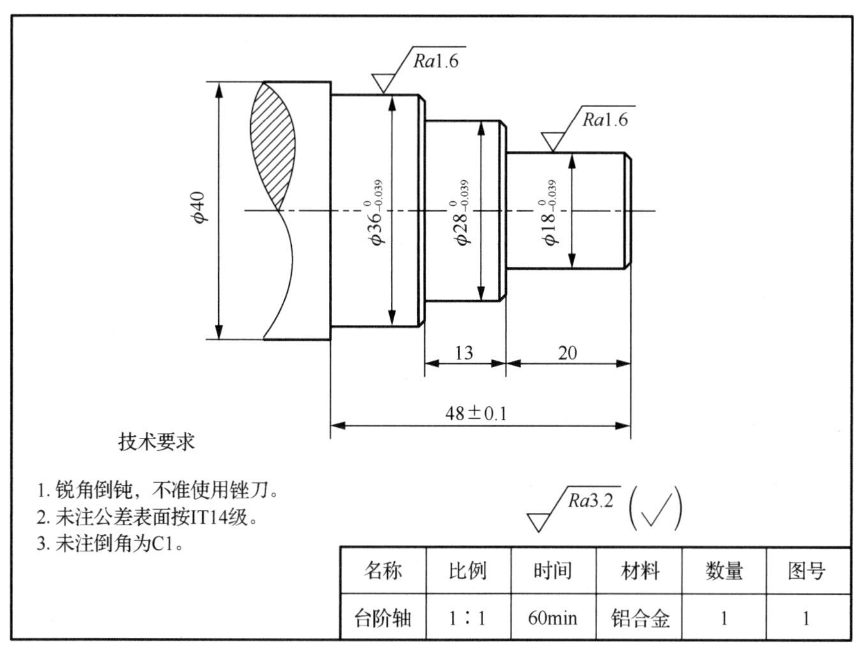

图 2-1-1　台阶轴零件图样

表 2-1-1　材料、工量具清单（台阶轴零件）

分类	名称	规格	数量	备注
材料	铝合金（ZA12）棒料	ϕ40×60	1	
设备	车床配自定心卡盘	CK6140	1	
	卡盘扳手、刀架扳手	相应车床	1	
刀具	外圆车刀	93°	1	根据粗车、精车选择刀片
	中心钻	A3/6	1	GB/T 6078—2016
量具	外径千分尺	0～25mm	1	
	外径千分尺	25～50mm	1	
	带表游标卡尺	0～150mm	1	
工具及其他	回转顶尖	60°	1	
	锉刀		1 套	
	铜片	0.1～0.3mm	若干	
	垫片		若干	根据工件尺寸需要
	夹紧工具		1 套	

续表

<table>
<tr><th>分类</th><th>名称</th><th>规格</th><th>数量</th><th>备注</th></tr>
<tr><td rowspan="7">工具及其他</td><td>刷子</td><td></td><td>1</td><td></td></tr>
<tr><td>油壶</td><td></td><td>1</td><td></td></tr>
<tr><td>清洗油</td><td></td><td>若干</td><td></td></tr>
<tr><td>垫刀片</td><td></td><td>若干</td><td></td></tr>
<tr><td>草稿纸</td><td></td><td>适量</td><td></td></tr>
<tr><td>计算器</td><td></td><td>1</td><td></td></tr>
<tr><td>工作服、工作帽、护目镜</td><td></td><td>1 套</td><td></td></tr>
</table>

3. 加工工艺分析

台阶轴零件加工工艺卡如表 2-1-2 所示。

表 2-1-2 加工工艺卡（台阶轴零件）

<table>
<tr><th>序号</th><th>加工内容</th><th>刀具</th><th colspan="2">转速/（r/min）</th><th>进给速度/（r/mm）</th><th colspan="2">背吃刀量/mm</th><th>操作方法</th><th>程序号</th></tr>
<tr><td colspan="10">装夹工件伸出 50mm</td></tr>
<tr><td>1</td><td>车右端面</td><td>T0404</td><td colspan="2">1000</td><td>0.08</td><td colspan="2">0.5</td><td>自动</td><td>O0001</td></tr>
<tr><td rowspan="2">2</td><td rowspan="2">车各档外圆</td><td rowspan="2">T0101</td><td>粗</td><td>1000</td><td>0.2</td><td>粗</td><td>2</td><td rowspan="2">自动</td><td rowspan="2">O0002</td></tr>
<tr><td>精</td><td>2000</td><td>0.07</td><td>精</td><td>0.5</td></tr>
<tr><td>3</td><td>切断</td><td>T0202</td><td colspan="2">600</td><td>0.06</td><td colspan="2">20</td><td>自动</td><td>O0003</td></tr>
</table>

4. 加工程序

台阶轴零件加工程序如表 2-1-3 所示。

表 2-1-3 FANUC 系统加工程序（台阶轴零件）

<table>
<tr><th>程序段号</th><th>程序</th><th>程序说明</th></tr>
<tr><td colspan="2">O0001</td><td>右端面加工程序</td></tr>
<tr><td>N10</td><td>G99G40M08</td><td rowspan="4">设置加工前准备参数</td></tr>
<tr><td>N20</td><td>M03S1000</td></tr>
<tr><td>N30</td><td>T0404</td></tr>
<tr><td>N40</td><td>G00X100Z200</td></tr>
<tr><td>N50</td><td>G00X44Z2</td><td>刀具快速移动到循环起点</td></tr>
<tr><td>N60</td><td>G01Z0F0.08</td><td rowspan="2">右端面加工</td></tr>
<tr><td>N70</td><td>X-1</td></tr>
</table>

续表

程序段号	程序	程序说明
N80	G00Z100	退刀至安全点，主轴停转，程序结束并返回
N90	X100	
N100	M09	
N110	M05	
N120	M30	
O0002		外轮廓（各档外圆）加工程序
N10	G99G40M08	设置加工前准备参数，并建立刀补
N20	M03S1000	
N30	T0101	
N40	G42G00X50Z10	
N50	G00X44Z2	刀具快速移动到循环起点
N60	G71U2R0.5	外轮廓粗车循环
N70	G71P80Q150X0.5Z0.05F0.2	
N80	G01X14F0.12	外轮廓加工
N90	X18Z-1	
N100	Z-20	
N110	X28，C1	
N120	Z-33	
N130	X36，C1	
N140	Z-48	
N150	X42	
N160	G00X100	刀具退至安全点，主轴停转，程序暂停
N170	Z100	
N180	M05	
N190	M00	
N200	M03S2000	设置精加工前准备参数
N210	T0101	
N220	G00X44Z2	
N230	G70P80Q150F0.07	外轮廓精加工
N240	G40G00X100	退刀至安全点，主轴停转，程序结束并返回
N250	Z100	
N260	M09	
N270	M05	
N280	M30	

续表

程序段号	程序	程序说明
O0003		切断加工程序
N10	G99G40M08	设置加工前准备参数
N20	M03S600	
N30	T0202	
N40	G00X100Z200	
N50	G00X44Z-51	切断
N60	G01X0F0.06	
N70	G40G00X100	退刀至安全点，主轴停转，程序结束并返回
N80	Z100	
N90	M09	
N100	M05	
N110	M30	

5. 评分标准

台阶轴零件加工实例评分表如表 2-1-4 所示。

表 2-1-4　评分表（台阶轴零件）

考核项目	序号	考核内容	评分标准	配分	检测结果	得分
工件质量	1	$\phi36_{-0.039}^{0}$	超差 0.01 扣一半 超差 0.02 以上全扣	10		
	2	$\phi28_{-0.039}^{0}$	超差 0.01 扣一半 超差 0.02 以上全扣	10		
	3	倒角		15		
	4	48 ± 0.1	超差 0.01 扣一半 超差 0.02 以上全扣	10		
	5	$\phi18_{-0.039}^{0}$	超差 0.01 扣一半 超差 0.02 以上全扣	10		
	6	表面粗糙度	升高一级全扣	5		
工艺准备	7	程序正确、合理等	出错一次扣 1 分	5		
	8	切削用量选择合理	出错一次扣 1 分	5		
	9	加工工艺制定合理	出错一次扣 1 分	5		
机床操作	10	机床操作规范	出错一次扣 1 分	7		
	11	刀具、工件装夹	出错一次扣 1 分	8		

续表

考核项目	序号	考核内容	评分标准	配分	检测结果	得分
其他	12	工件无缺陷	缺陷一处扣 1 分	5		
	13	按时完成	超时 1min 扣 1 分，超时 5min 停止操作	5		
安全文明生产	14	安全操作车床	出事故停止操作，酌情扣 5～10 分	倒扣		
	15	工量具摆放	不符合规范，酌情扣 5～10 分	倒扣		
	16	车床整理		倒扣		
合计				100		
现场记录						

2.1.2　拓展与练习

对图 2-1-2 所示锥度阶梯轴零件进行编程，毛坯尺寸为$\phi45\times90$ 的铝合金棒料，额定工时为 1h。

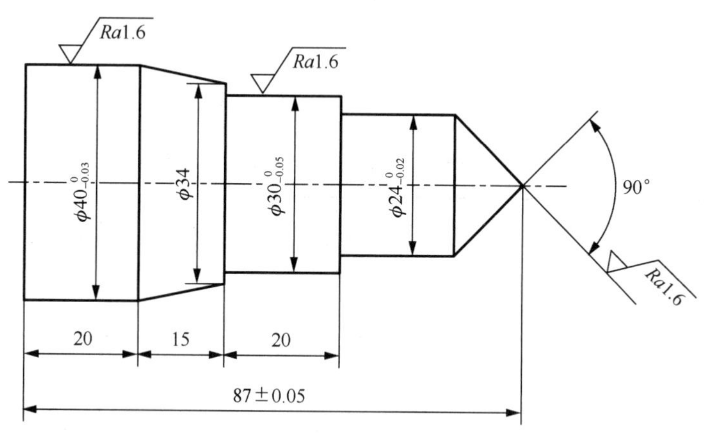

图 2-1-2　锥度阶梯轴零件图

2.2　球头轴零件加工实例

2.2.1　球头轴零件加工实例详解

1. 图样

球头轴零件加工实例图样如图 2-2-1 所示。

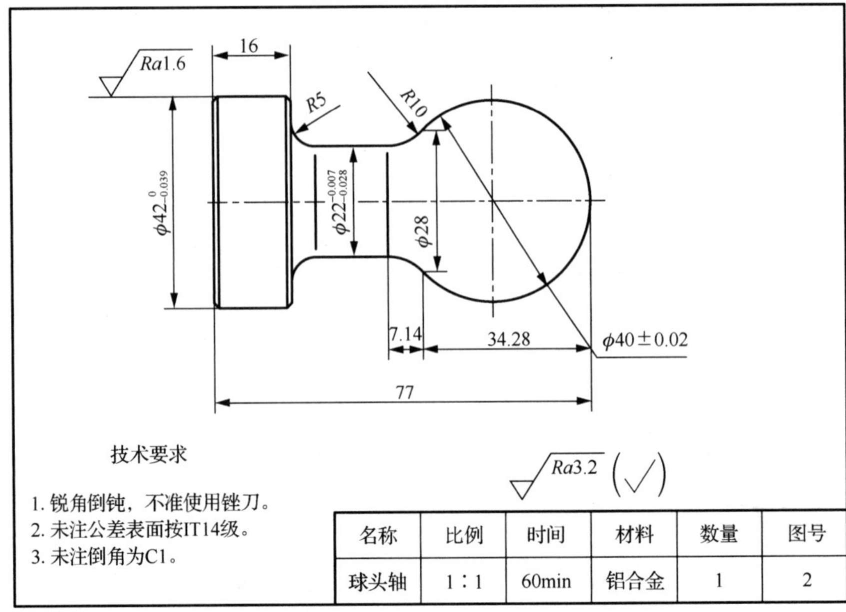

图 2-2-1 球头轴零件图样

2. 材料、工量具清单

加工球头轴零件所需材料、工量具清单如表 2-2-1 所示。

表 2-2-1 材料、工量具清单（球头轴零件）

分类	名称	规格	数量	备注
材料	铝合金（2A12）棒料	ϕ50×82	1	
设备	车床配自定心卡盘	CK6140	1	
	卡盘扳手、刀架扳手	相应车床	1	
刀具	外圆车刀	35°	1	根据粗车、精车选择刀片
	中心钻	A3/6	1	GB/T 6078—2016
	切断刀	25mm	1	
量具	外径千分尺	0～25mm	1	
	外径千分尺	25～50mm	1	
	带表游标卡尺	0～150mm	1	
工具及其他	回转顶尖	60°	1	
	锉刀		1套	

续表

分类	名称	规格	数量	备注
工具及其他	铜片	0.1～0.3mm	若干	
	垫片		若干	根据工件尺寸需要
	夹紧工具		1 套	
	刷子		1	
	油壶		1	
	清洗油		若干	
	垫刀片		若干	
	草稿纸		适量	
	计算器		1	
	工作服、工作帽、护目镜		1 套	

3. 加工工艺分析

球头轴零件加工工艺卡如表 2-2-2 所示。

表 2-2-2　加工工艺卡（球头轴零件）

序号	加工内容	刀具	转速/（r/min）		进给速度/（r/mm）	背吃刀量/mm		操作方法	程序号
装夹工件伸出 85mm									
1	车右端面	T0404	1000		0.08	0.5		自动	O0001
2	车各档外圆及圆弧	T0101	粗	1000	0.2	粗	2	自动	O0002
			精	2000	0.07	精	0.5		
3	切断	T0202	600		0.06	25		自动	O0003

4. 加工程序

球头轴零件加工程序如表 2-2-3 所示。

表 2-2-3　FANUC 系统加工程序（球头轴零件）

程序段号	程序	程序说明
O0001		右端面加工程序
N10	G99G40M08	设置加工前准备参数
N20	M03S1000	
N30	T0404	
N40	G00X100Z100	
N50	G00X55Z10	刀具快速移动到循环起点

续表

程序段号	程序	程序说明
N60	G01Z0F0.08	端面加工
N70	X-1	
N80	G00X100	退刀至安全点，主轴停转，程序结束并返回
N90	Z100	
N100	M09	
N110	M05	
N120	M30	
O0002		各档外圆及圆弧加工程序
N10	G99G40M08	设置加工前准备参数，并建立刀补
N20	M03S1000	
N30	T0101	
N40	G00X100Z200	
N50	G42G00X55Z10	
N60	G00X55Z10	刀具快速移动到循环起点
N70	G71U2R0.5	车各档外圆及圆弧粗车循环
N80	G71P90Q140X0.5Z0.05F0.2	
N90	G01X0F0.12	车各档外圆及圆弧加工
N100	G02X28Z-34.28R20	
N110	G03X22Z-41.42R10	
N120	G01Z-61,R5	
N130	X48,C1	
N140	Z-80	
N150	G00X100	刀具退至安全点，主轴停转，程序暂停
N160	Z100	
N170	M05	
N180	M00	
N190	M03S2000	设置精加工前准备参数
N200	T0101	
N210	G00X55Z10	
N220	G70P90Q140F0.07	车各档外圆及圆弧精加工
N230	G40G00X100	退刀至安全点，主轴停转，程序结束并返回
N240	Z100	
N250	M09	
N260	M05	
N270	M30	

续表

程序段号	程序	程序说明
O0003		切断加工程序
N10	G99G40M08	设置加工前准备参数
N20	M03S600	
N30	T0202	
N40	G00X100Z200	
N50	G00X55Z-80	切断
N60	G01X0F0.06	
N70	G40G00X100	退刀至安全点，主轴停转，程序结束并返回
N80	Z100	
N90	M09	
N100	M05	
N110	M30	

5. 评分标准

球头轴零件加工实例评分表如表 2-2-4 所示。

表 2-2-4　评分表（球头轴零件）

考核项目	序号	考核内容	评分标准	配分	检测结果	得分
工件质量	1	总长 77mm	超差 0.1 全扣	6		
	2	尺寸 16mm	超差 0.1 全扣	6		
	3	$\phi22_{-0.028}^{-0.007}$	每超差 0.02 扣 1 分	9		
	4	$\phi42_{-0.039}^{0}$	每超差 0.02 扣 1 分	9		
	5	$\phi40\pm0.02$	每超差 0.02 扣 1 分；	9		
	6	$R5$ 圆弧面	每超差 0.05 扣 2 分	5		
	7	$R10$ 圆弧面	每超差 0.05 扣 2 分	5		
	8	倒角	每个不合格扣 3 分	6		
	9	表面粗糙度	Ra1.6 处每低一个等级扣 2 分，其余加工部位 30%不达要求扣 2 分，50%不达要求扣 3 分，75%不达要求扣 6 分	10		
工艺准备	10	工艺编制	酌情扣分	5		
	11	程序编写及输入	酌情扣分	5		
	12	切削三要素	酌情扣分	5		

续表

考核项目	序号	考核内容	评分标准	配分	检测结果	得分
安全文明生产	13	正确使用车床	酌情扣分	5		
	14	正确使用量具	酌情扣分	5		
	15	合理使用刀具	酌情扣分	5		
	16	设备维护保养	酌情扣分	5		
合计				100		
现场记录						

2.2.2 拓展与训练

对图 2-2-2 所示圆弧轴零件编程，毛坯尺寸为ϕ50×85 的铝合金棒料，额定工时为 1h。

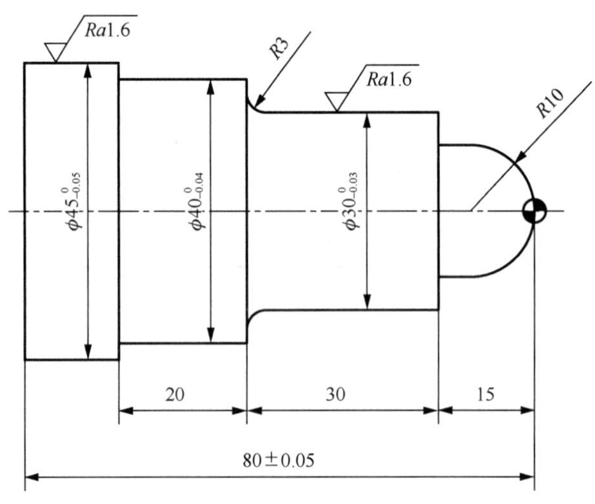

图 2-2-2 圆弧轴零件图

2.3 偏心轴零件加工实例

2.3.1 偏心轴零件加工实例详解

1. 图样

偏心轴零件加工实例图样如图 2-3-1 所示。

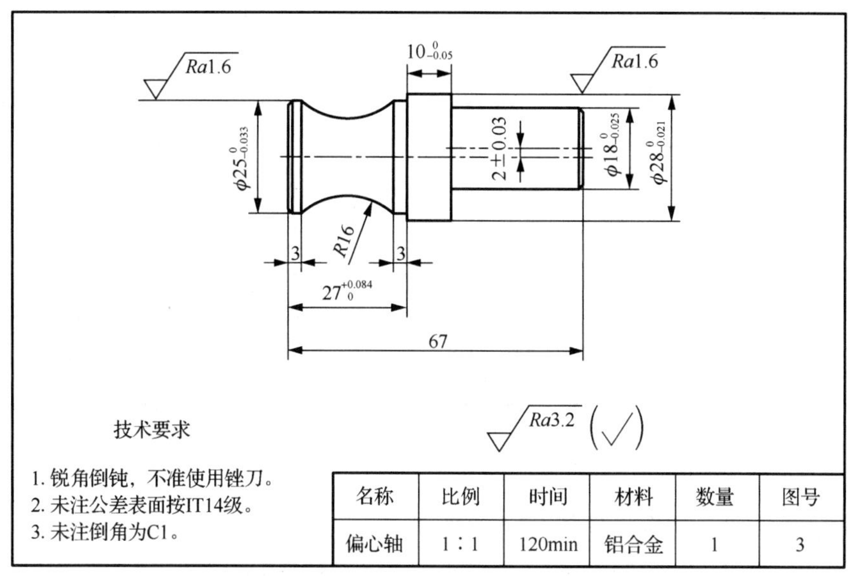

图 2-3-1　偏心轴零件图样

2. 材料、工量具清单

加工偏心轴零件所需材料、工量具清单如表 2-3-1 所示。

表 2-3-1　材料、工量具清单（偏心轴零件）

分类	名称	规格	数量	备注
材料	铝合金（2A12）棒料	ϕ30×72	1	
设备	车床配自定心卡盘	CK6140	1	
	卡盘扳手、刀架扳手	相应车床	1	
刀具	外圆车刀	35°	1	根据粗车、精车选择刀片
	中心钻	A3/6	1	GB/T 6078—2016
量具	外径千分尺	0～25mm	1	
	外径千分尺	25～50mm	1	
	带表游标卡尺	0～150mm	1	
工具及其他	回转顶尖	60°	1	
	锉刀		1 套	
	铜片	0.1～0.3mm	若干	
	垫片		若干	根据工件尺寸需要

续表

分类	名称	规格	数量	备注
工具及其他	夹紧工具		1 套	
	刷子		1 把	
	油壶		1 把	
	清洗油		若干	
	垫刀片		若干	
	草稿纸		适量	
	计算器		1	
	工作服、工作帽、护目镜		1 套	

3. 加工工艺分析

偏心轴零件加工工艺卡如表 2-3-2 所示。

表 2-3-2　加工工艺卡（偏心轴零件）

序号	加工内容	刀具	转速/（r/min）		进给速度/（r/mm）	背吃刀量/mm		操作方法	程序号
装夹工件伸出 50mm									
1	车左端面	T0404	1000		0.08	0.5		自动	O0001
2	车外圆到ϕ28 处	T0101	粗	1000	0.2	粗	2	自动	O0002
			精	2000	0.07	精	0.5		
装夹ϕ28 外圆，并找正									
3	车右端面	T0404	1000		0.08	0.5		自动	O0003
找正偏心									
4	车右端外圆	T0101	粗	1000	0.2	粗	2	自动	O0004
			精	2000	0.07	精	0.5		

4. 加工程序

偏心轴零件加工程序如表 2-3-3 所示。

表 2-3-3　FANUC 系统加工程序（偏心轴零件）

程序段号	程序	程序说明
O0001		左端面加工程序
N10	G99G40M08	设置加工前准备参数
N20	M03S1000	

续表

程序段号	程序	程序说明
N30	T04042	设置加工前准备参数
N40	G00X100Z200	
N50	G00X35Z2	刀具快速移动到循环起点
N60	G01Z0F0.08	左端面加工
N70	X-1	
N80	G00Z100	退刀至安全点，主轴停转，程序结束并返回
N90	X100	
N100	M09	
N110	M05	
N120	M30	
O0002		外轮廓（车外圆ϕ28）加工程序
N10	G99G40M08	设置加工前准备参数，并建立刀补
N20	M03S1000	
N30	T0101	
N40	G42G00X35Z10	
N50	G00X35Z2	刀具快速移动到循环起点
N60	G71U2R0.5	外轮廓粗车循环
N70	G71P80Q140X0.5Z0.05F0.2	
N80	G01X21Z1F0.2	外轮廓加工
N90	X25Z-1	
N100	Z-3	
N110	G03Z-24R16	
N120	G01Z-27	
N130	X28	
N140	Z-39	
N150	G00X100	刀具退至安全点，主轴停转，程序暂停
N160	Z100	
N170	M05	
N180	M00	
N190	M03S2000	设置精加工前准备参数
N200	T0101	
N210	G00X35Z2	

续表

程序段号	程序	程序说明
N220	G70P80Q140F0.07	外轮廓精加工
N230	G40G00X100	退刀至安全点，主轴停转，程序结束并返回
N240	Z100	
N250	M09	
N260	M05	
N270	M30	
O0003		右端面加工程序
N10	G99G40M08	设置加工前准备参数
N20	M03S1000	
N30	T0404	
N40	G00X100Z200	
N50	G00X35Z2	刀具快速移动到循环起点
N60	G01Z0F0.08	右端面加工
N70	X-1	
N80	G00Z100	退刀至安全点，主轴停转，程序结束并返回
N90	X100	
N100	M09	
N110	M05	
N120	M30	
O0004		右外轮廓（右端外圆ϕ18）加工程序
N10	G99G40M08	设置加工前准备参数，并建立刀补
N20	M03S1000	
N30	T0101	
N40	G42G00X50Z10	
N50	G00X40Z2	刀具快速移动到循环起点
N60	G71U2R0.5	外轮廓粗车循环
N70	G71P80Q110X0.5Z0.05F0.2	
N80	G01X14Z1F0.2	外轮廓加工
N90	X18Z-1	
N100	Z-30	
N110	X40	

续表

程序段号	程序	程序说明
N120	G00X100	刀具退至安全点，主轴停转，程序暂停
N130	Z100	
N140	M05	
N150	M00	
N160	M03S2000	设置精加工前准备参数
N170	T0101	
N180	G00X40Z2	
N190	G70P80Q110F0.07	外轮廓精加工
N200	G40G00X100	退刀至安全点，主轴停转，程序结束并返回
N210	Z100	
N220	M09	
N230	M05	
N240	M30	

5. 评分标准

偏心轴零件加工实例评分表如表 2-3-4 所示。

表 2-3-4　评分表（偏心轴零件）

考核项目	序号	考核内容	评分标准	配分	检测结果	得分
工件质量	1	$\phi25_{-0.033}^{0}$	每超差 0.01 扣 1 分	6		
	2	$\phi28_{-0.021}^{0}$	每超差 0.01 扣 1 分	6		
	3	2 ± 0.03	每超差 0.01 扣 1 分	6		
	4	$\phi18_{-0.025}^{0}$	每超差 0.01 扣 1 分	6		
	5	$10_{-0.05}^{0}$	每超差 0.01 扣 1 分	6		
	6	*R*16	超差 0.01 扣一半，超差 0.02 以上全扣	6		
	7	$27_{0}^{+0.084}$	每超差 0.02 扣 1 分	6		
	8	67	超差 0.1 全扣	6		
	9	倒角	每个不合格扣 1 分	6		
	10	表面粗糙度	*Ra*1.6 处每低一个等级扣 2 分，其余加工部位 30%不达要求扣 2 分，50%不达要求扣 3 分，75%不达要求扣 6 分	9		

续表

考核项目	序号	考核内容	评分标准	配分	检测结果	得分
工艺准备	11	工艺编制	酌情扣分	5		
	12	程序编写及输入	酌情扣分	6		
	13	切削三要素	酌情扣分	6		
安全文明生产	14	正确使用车床	酌情扣分	5		
	15	正确使用量具	酌情扣分	5		
	16	合理使用刀具	酌情扣分	5		
	17	设备维护保养	酌情扣分	5		
合计				100		
现场记录						

2.3.2 拓展与练习

对图 2-3-2 所示偏心轴零件编程，毛坯尺寸为$\phi 55 \times 97$ 的铝合金棒料，额定工时为 2h。

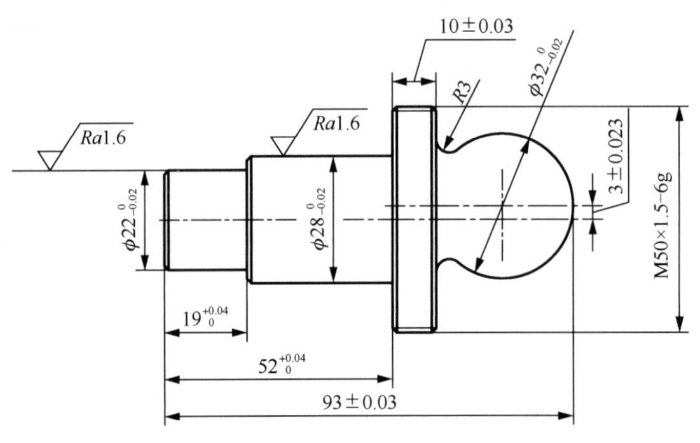

图 2-3-2 偏心轴零件图

2.4 莫氏锥度轴零件加工实例

2.4.1 莫氏锥度轴零件加工实例详解

1. 图样

莫氏锥度轴零件加工实例图样如图 2-4-1 所示。

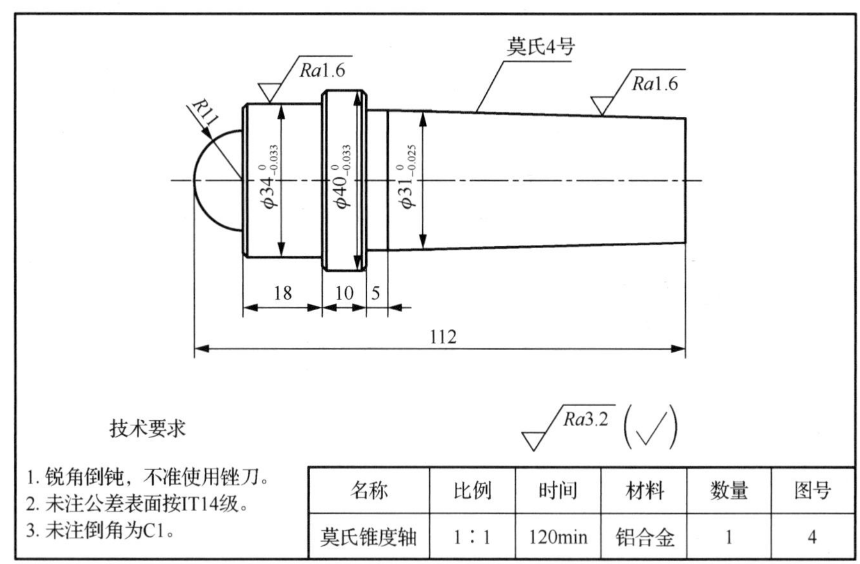

图 2-4-1　莫氏锥度轴零件图样

2. 材料、工量具清单

加工莫氏锥度轴零件所需材料、工量具清单如表 2-4-1 所示。

表 2-4-1　材料、工量具清单（莫氏锥度轴零件）

分类	名称	规格	数量	备注
材料	铝合金（2A12）棒料	ϕ45×117	1	
设备	车床配自定心卡盘	CK6140	1	
	卡盘扳手、刀架扳手	相应车床	1	
刀具	外圆车刀	35°	1	根据粗车、精车选择刀片
	中心钻	A3/6	1	GB/T 6078—2016
量具	外径千分尺	0～25mm	1	
	外径千分尺	25～50mm	1	
	带表游标卡尺	0～150mm	1	
工具及其他	回转顶尖	60°	1	
	锉刀		1 套	
	铜片	0.1～0.3mm	若干	

续表

分类	名称	规格	数量	备注
工具及其他	垫片		若干	根据工件尺寸需要
	夹紧工具		1套	
	刷子		1	
	油壶		1	
	清洗油		若干	
	垫刀片		若干	
	草稿纸		适量	
	计算器		1	
	工作服、工作帽、护目镜		1套	

3. 加工工艺分析

莫氏锥度轴零件加工工艺卡如表 2-4-2 所示。

表 2-4-2 加工工艺卡（莫氏锥度轴零件）

序号	加工内容	刀具	转速/（r/min）		进给速度/（r/mm）	背吃刀量/mm		操作方法	程序号
装夹工件伸出 50mm									
1	车左端面	T0404	1000		0.08	0.5		自动	O0001
2	车圆弧及各档外圆到ϕ40 处	T0101	粗	1000	0.2	粗	2	自动	O0002
			精	2000	0.07	精	0.5		
装夹ϕ34 外圆，并找正									
3	车右端面	T0404	1000		80	0.5		自动	O0003
4	车右端锥度及外圆	T0101	粗	1000	0.2	粗	2	自动	O0004
			精	2000	0.07	精	0.5		

4. 加工程序

莫氏锥度轴零件加工程序如表 2-4-3 所示。

表 2-4-3 FANUC 系统加工程序（莫氏锥度轴零件）

程序段号	程序	程序说明
O0001		左端面加工程序
N10	G99G40M08	设置加工前准备参数
N20	M03S1000	
N30	T0404	
N40	G00X100Z200	

续表

程序段号	程序	程序说明
N50	G00X48Z2	刀具快速移动到循环起点
N60	G01Z0F0.08	右端面加工
N70	X-1	
N80	G00Z100	退刀至安全点，主轴停转，程序结束并返回
N90	X100	
N100	M09	
N110	M05	
N120	M30	
O0002		外轮廓（圆弧及各档外圆）加工程序
N10	G99G40M08	设置加工前准备参数，并建立刀补
N20	M03S1000	
N30	T0101	
N40	G42G00X50Z10	
N50	G00X48Z2	刀具快速移动到循环起点
N60	G71U2R0.5	外轮廓粗车循环
N70	G71P80Q150X0.5Z0.05F0.2	
N80	G01Z0F0.2	外轮廓加工
N90	X0	
N100	G02X22Z-11R11	
N110	G01X34，C1	
N120	Z-29	
N130	X40，C1	
N140	Z-39	
N150	X50	
N160	G00X100	刀具退至安全点，主轴停转，程序暂停
N170	Z100	
N180	M05	
N190	M00	
N200	M03S2000	设置精加工前准备参数
N210	T0101	
N220	G00X48Z2	
N230	G70P80Q150F0.07	外轮廓精加工

续表

程序段号	程序	程序说明
N240	G40G00X100	退刀至安全点，主轴停转，程序结束并返回
N250	Z100	
N260	M09	
N270	M05	
N280	M30	
O0003		右端面加工程序
N10	G99G40M08	设置加工前准备参数
N20	M03S1000	
N30	T0404	
N40	G00X100Z200	
N50	G00X50Z2	刀具快速移动到循环起点
N60	G01Z0F0.08	右端面加工
N70	X-1	
N80	G00Z100	退刀至安全点，主轴停转，程序结束并返回
N90	X100	
N100	M09	
N110	M05	
N120	M30	
O0004		右外轮廓（右端锥度及外圆）加工程序
N10	G99G40M08	设置加工前准备参数，并建立刀补
N20	M03S1000	
N30	T0101	
N40	G42G00X50Z10	
N50	G00X50Z2	刀具快速移动到循环起点
N60	G71U2R0.5	外轮廓粗车循环
N70	G71P80Q120X0.5Z0.05F0.2	
N80	G01X27.47Z1	外轮廓加工
N90	Z0	
N100	X31Z-68	
N110	Z-73	
N120	X40，C1	
N130	G00X100	刀具退至安全点，主轴停转，程序暂停
N140	Z100	
N150	M05	
N160	M00	

续表

程序段号	程序	程序说明
N170	M03S2000	设置精加工前准备参数
N180	T0101	
N190	G00X44Z2	
N200	G70P80Q120F0.07	外轮廓精加工
N210	G40G00X100	退刀至安全点，主轴停转，程序结束并返回
N220	Z100	
N230	M09	
N240	M05	
N250	M30	

5．评分标准

莫氏锥度轴零件加工实例评分表如表 2-4-4 所示。

表 2-4-4　评分表（莫氏锥度轴零件）

考核项目	序号	考核内容	评分标准	配分	检测结果	得分
工件质量	1	$\phi34^{0}_{-0.033}$	每超差 0.01 扣 2 分	8		
	2	$\phi40^{0}_{-0.033}$	每超差 0.01 扣 2 分	8		
	3	$\phi31^{0}_{-0.025}$	每超差 0.01 扣 2 分	8		
	4	18	每超差 0.1 扣 2 分	6		
	5	10	每超差 0.1 扣 2 分	6		
	6	5	每超差 0.1 扣 2 分	6		
	7	112	每超差 0.1 扣 2 分	6		
	8	*R*11	不合格全扣	6		
	9	莫氏 4 号	超差 0.1 全扣	8		
	10	倒角	每个不合格扣 1 分	6		
	11	表面粗糙度	*Ra*1.6 处每低一个等级扣 2 分，其余加工部位 30%不达要求扣 2 分，50%不达要求扣 3 分，75%不达要求扣 6 分	9		
工艺准备	12	工艺编制	酌情扣分	5		
	13	程序编写及输入	酌情扣分	5		
	14	切削三要素	酌情扣分	5		

续表

考核项目	序号	考核内容	评分标准	配分	检测结果	得分
安全文明生产	15	正确使用车床	酌情扣分	2		
	16	正确使用量具	酌情扣分	2		
	17	合理使用刀具	酌情扣分	2		
	18	设备维护保养	酌情扣分	2		
合计				100		
现场记录						

2.4.2 拓展与练习

对图 2-4-2 所示莫氏锥度轴零件编程，毛坯尺寸为ϕ55×150 的铝合金棒料，额定工时为 2h。

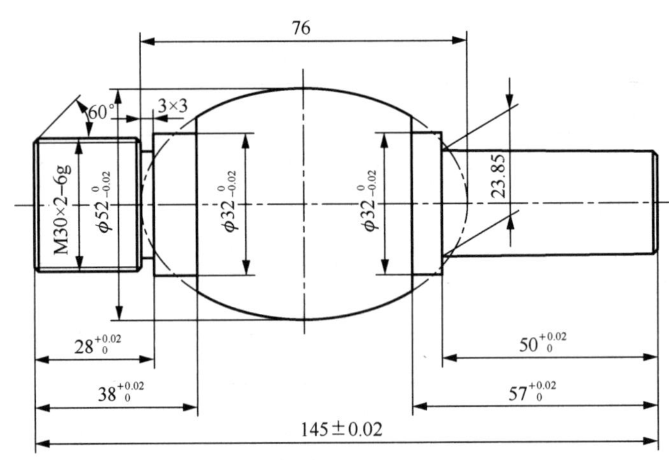

图 2-4-2　莫氏锥度轴零件图

2.5 曲轴零件加工实例

2.5.1 曲轴零件加工实例详解

1. 图样

曲轴零件加工实例图样如图 2-5-1 所示。

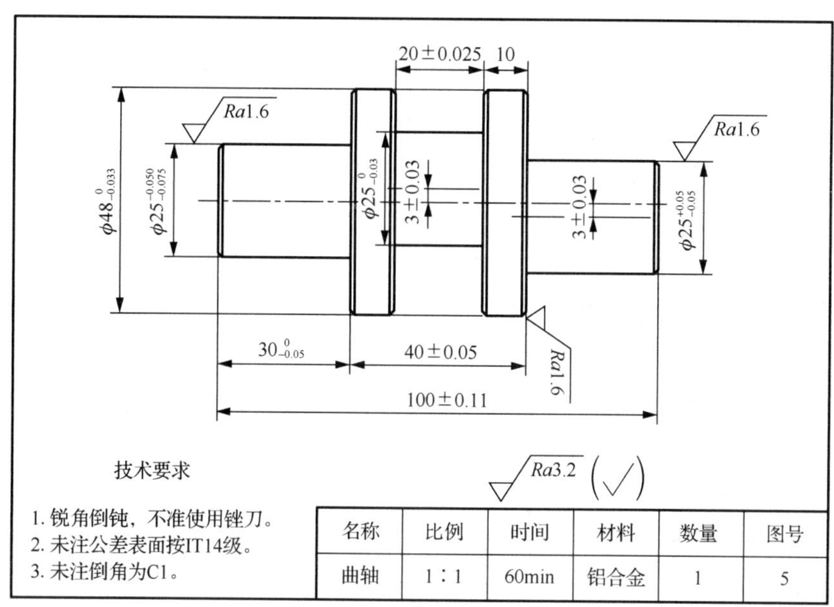

图 2-5-1　曲轴零件图样

2. 材料、工量具清单

加工曲轴零件所需材料、工量具清单如表 2-5-1 所示。

表 2-5-1　材料、工量具清单（曲轴零件）

分类	名称	规格	数量	备注
材料	铝合金（2A12）棒料	φ45×105mm	1	
设备	车床配自定心卡盘	CK6140	1	
	卡盘扳手、刀架扳手	相应车床	1	
刀具	外圆车刀	93°	1	根据粗车、精车选择刀片
	切槽车刀	刀宽 3mm	1	
	中心钻	A3/6	1	GB/T 6078—2016
量具	外径千分尺	25～50mm	1	
	外径千分尺	25～50mm	1	
	带表游标卡尺	0～150mm	1	
工具及其他	回转顶尖	60°	1	
	锉刀		1 套	

续表

分类	名称	规格	数量	备注
工具及其他	铜片	0.1～0.3mm	若干	
	垫片		若干	根据工件尺寸需要
	夹紧工具		1套	
	刷子		1	
	油壶		1	
	清洗油		若干	
	垫刀片		若干	
	草稿纸		适量	
	计算器		1	
	工作服、工作帽、护目镜		1套	

3. 加工工艺分析

曲轴零件加工工艺卡如表2-5-2所示。

表2-5-2 加工工艺卡（曲轴零件）

<table>
<tr><th>序号</th><th>加工内容</th><th>刀具</th><th colspan="2">转速/（r/min）</th><th>进给速度/（r/mm）</th><th colspan="2">背吃刀量/mm</th><th>操作方法</th><th>程序号</th></tr>
<tr><td colspan="10">装夹工件伸出75mm</td></tr>
<tr><td>1</td><td>车左端面</td><td>T0404</td><td colspan="2">1000</td><td>0.08</td><td colspan="2">0.5</td><td>自动</td><td>O0001</td></tr>
<tr><td rowspan="2">2</td><td rowspan="2">车外圆到ϕ48处</td><td rowspan="2">T0101</td><td>粗</td><td>1000</td><td>0.2</td><td>粗</td><td>2</td><td rowspan="2">自动</td><td rowspan="2">O0002</td></tr>
<tr><td>精</td><td>2000</td><td>0.07</td><td>精</td><td>0.5</td></tr>
<tr><td colspan="10">找正偏心</td></tr>
<tr><td rowspan="2">3</td><td rowspan="2">切槽（刀宽3mm）</td><td rowspan="2">T0202</td><td>粗</td><td>1000</td><td>0.13</td><td colspan="2">14</td><td rowspan="2">自动</td><td>O0003</td></tr>
<tr><td>精</td><td>1500</td><td>0.08</td><td colspan="2">0.5</td><td>O0004</td></tr>
<tr><td colspan="10">掉头，装夹ϕ48外圆并找正</td></tr>
<tr><td>4</td><td>车右端面</td><td>T0404</td><td colspan="2">1000</td><td>0.08</td><td colspan="2">0.5</td><td>自动</td><td>O0005</td></tr>
<tr><td colspan="10">找正偏心</td></tr>
<tr><td rowspan="2">5</td><td rowspan="2">车右外圆</td><td rowspan="2">T0101</td><td>粗</td><td>1000</td><td>0.2</td><td>粗</td><td>2</td><td rowspan="2">自动</td><td rowspan="2">O0006</td></tr>
<tr><td>精</td><td>2000</td><td>0.07</td><td>精</td><td>0.5</td></tr>
</table>

4. 加工程序

曲轴零件加工程序如表2-5-3所示。

表 2-5-3　FANUC 系统加工程序（曲轴零件）

程序段号	程序	程序说明
O0001		左端面加工程序
N10	G99G40M08	设置加工前准备参数
N20	M03S1000	
N30	T0404	
N40	G00X100Z200	
N50	G00X44Z2	刀具快速移动到循环起点
N60	G01Z0F0.08	左端面加工
N70	X-1	
N80	G00Z100	退刀至安全点，主轴停转，程序结束并返回
N90	X100	
N100	M09	
N110	M05	
N120	M30	
O0002		外轮廓（外圆ϕ48）加工程序
N10	G99G40M08	设置加工前准备参数，并建立刀补
N20	M03S1000	
N30	T0101	
N40	G42G00X55Z10	
N50	G00X50Z2	刀具快速移动到循环起点
N60	G71U2R0.5	外轮廓粗车循环
N70	G71P80Q130X0.5Z0.05F0.2	
N80	G01X21Z2F0.2	外轮廓加工
N90	X25Z-1	
N100	Z-30	
N110	X48，C1	
N120	Z-69	
N130	X44Z-71	
N140	G00X100	刀具退至安全点，主轴停转，程序暂停
N150	Z100	
N160	M05	
N170	M00	

续表

程序段号	程序	程序说明
N180	M03S2000	设置精加工前准备参数
N190	T0101	
N200	G00X50Z2	
N210	G70P80Q130F0.07	外轮廓精加工
N220	G40G00X100	退刀至安全点，主轴停转，程序结束并返回
N230	Z100	
N240	M09	
N250	M05	
N260	M30	
O0003		切槽加工程序
N10	G99G40M08	设置加工前准备参数
N20	M03S1000	
N30	T0202	
N40	G00X100Z100	
N50	G00X55Z-43.5	槽加工
N60	G01X25.5F0.13	
N70	G00X50	
N80	Z-45.5	
N90	G01X25.5F0.13	
N100	G00X50	
N110	Z-48	
N120	G01X25.5F0.13	
N130	G00X50	
N140	Z-50.5	
N150	G01X25.5F0.13	
N160	G00X50	
N170	Z-53	
N180	G01X25.5F0.13	
N190	G00X50	
N200	Z-55.5	
N210	G01X25.5F0.13	
N220	G00X50	
N230	Z-58	
N240	G01X25.5F0.13	

续表

程序段号	程序	程序说明
N250	G00X50	槽加工
N260	Z-59.5	
N270	G01X25.5F0.13	
N280	G00X100	退刀至安全点，主轴停转，程序结束并返回
N290	Z200	
N300	M09	
N310	M05	
N320	M30	
O0004		外槽加工程序
N10	G99G40M08	设置加工前准备参数
N20	M03S1500	
N30	T0202	
N40	G00X100Z100	
N50	G0X55Z-43	刀具快速移动到循环起点
N60	G01X25F0.08	槽加工
N70	Z-59.5	
N80	G00X55	
N90	Z-60	
N100	G01X25F0.08	
N110	Z-59.5	
N120	G00X100	退刀至安全点，主轴停转，程序结束并返回
N130	Z100	
N140	M09	
N150	M05	
N160	M30	
O0005		右端面加工程序
N10	G99G40M08	设置加工前准备参数
N20	M03S1000	
N30	T0404	
N40	G00X100Z200	
N50	G00X55Z2	刀具快速移动到循环起点
N60	G01Z0F0.08	右端面加工
N70	X-1	

续表

程序段号	程序	程序说明
N80	G00Z100	退刀至安全点，主轴停转，程序结束并返回
N90	X100	
N100	M09	
N110	M05	
N120	M30	
O0006		右外轮廓（外圆ϕ25）加工程序
N10	G99G40M08	设置加工前准备参数，并建立刀补
N20	M03S1000	
N30	T0101	
N40	G42G00X55Z10	
N50	G00X55Z10	刀具快速移动到循环起点
N60	G71U2R0.5	外轮廓粗车循环
N70	G71P80Q120X0.5Z0.05F0.2	
N80	G01Z2F0.2	外轮廓加工
N90	X21	
N100	X25Z-1	
N110	Z-30	
N120	X55	
N130	G00X100	刀具退至安全点，主轴停转，程序暂停
N140	Z100	
N150	M05	
N160	M00	
N170	M03S2000	设置精加工前准备参数
N180	T0101	
N190	G00X55Z2	
N200	G70P80Q120F0.07	外轮廓精加工
N210	G40G00X100	退刀至安全点，主轴停转，程序结束并返回
N220	Z100	
N230	M09	
N240	M05	
N250	M30	

5. 评分标准

曲轴零件加工实例评分表如表 2-5-4 所示。

表 2-5-4 评分表（曲轴零件）

考核项目	序号	考核内容	评分标准	配分	检测结果	得分
工件质量	1	$\phi25_{-0.075}^{-0.050}$	每超差 0.01 扣 1 分	6		
	2	$\phi25_{-0.03}^{0}$	每超差 0.01 扣 1 分	6		
	3	$\phi25_{-0.05}^{\pm0.05}$	每超差 0.01 扣 1 分	6		
	4	$\phi48_{-0.033}^{0}$	每超差 0.01 扣 1 分	12		
	5	$30_{-0.05}^{0}$	每超差 0.01 扣 1 分	6		
	6	3±0.03（2 处）	每超差 0.02 扣 1 分	10		
	7	20±0.025	每超差 0.02 扣 1 分	5		
	8	40±0.05	每超差 0.02 扣 1 分	5		
	9	100±0.11	每超差 0.02 扣 1 分	5		
	10	10	超差 0.1 全扣	4		
	11	倒角	每个不合格扣 1 分	6		
	12	表面粗糙度	*Ra*1.6 处每低一个等级扣 2 分，其余加工部位 30%不达要求扣 2 分，50%不达要求扣 3 分，75%不达要求扣 6 分	6		
工艺准备	13	工艺编制	酌情扣分	5		
	14	程序编写及输入	酌情扣分	5		
	15	切削三要素	酌情扣分	5		
安全文明生产	16	正确使用车床	酌情扣分	2		
	17	正确使用量具	酌情扣分	2		
	18	合理使用刀具	酌情扣分	2		
	19	设备维护保养	酌情扣分	2		
合计				100		
现场记录						

2.5.2 拓展与练习

对图 2-5-2 所示曲轴零件编程，毛坯尺寸为$\phi60\times165$的铝合金棒料，额定工时为 2.5h。

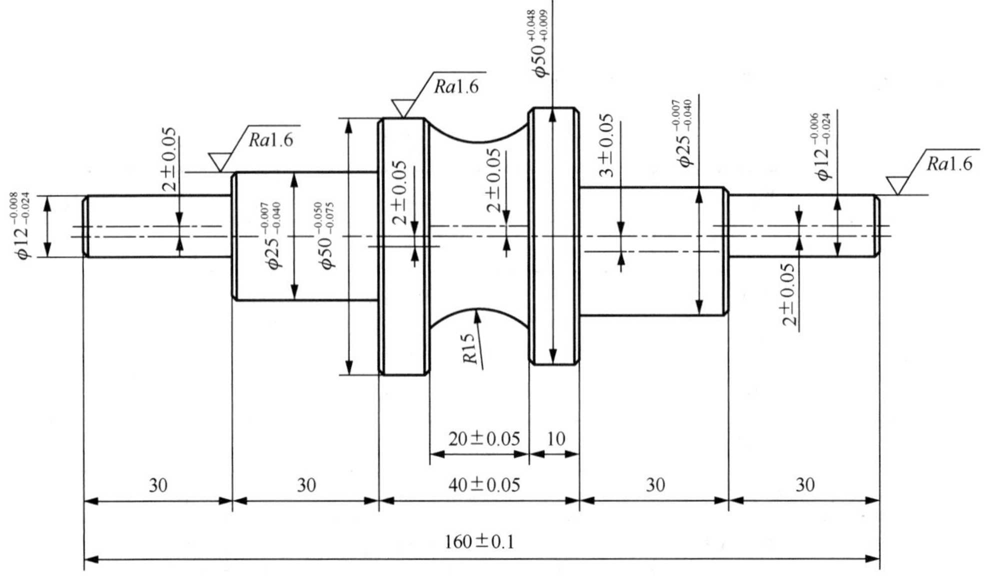
Ra1.6
Ra1.6
Ra1.6
$\phi 50^{+0.048}_{+0.009}$
$\phi 12^{-0.008}_{-0.024}$
2±0.05
$\phi 25^{-0.007}_{-0.040}$
$\phi 50^{-0.050}_{-0.075}$
2±0.05
2±0.05
3±0.05
$\phi 25^{-0.007}_{-0.040}$
$\phi 12^{-0.006}_{-0.024}$
2±0.05
R15
20±0.05
10
30
30
40±0.05
30
30
160±0.1

图 2-5-2　曲轴零件图

第 3 章　内轮廓循环编程及加工实例详解

学习要点

1）读懂零件图，并根据加工图样要求合理选用数控车削刀具。

2）理解固定循环含义和加工运动轨迹，合理确定循环参数。

3）掌握各种刀具在切削加工时切削用量的选择。

4）掌握 FANUC 系统车削内轮廓的程序编写。

技能目标

1）能完成零件内孔的编程及加工。

2）会使用钻头和中心钻。

3）能使用合理的切削用量完成加工任务。

4）能合理选择刀具完成加工任务。

5）能控制零件的加工精度。

3.1　阶梯内孔零件加工实例

3.1.1　阶梯内孔零件加工实例详解

1. 图样

阶梯内孔零件加工实例图样如图 3-1-1 所示。

2. 材料、工量具清单

加工阶梯内孔零件所需材料、工量具清单如表 3-1-1 所示。

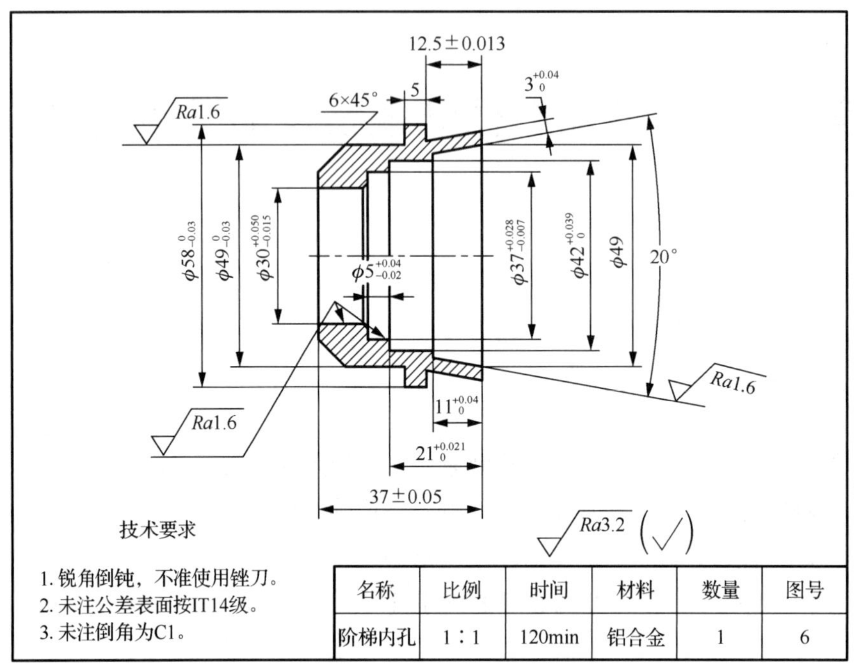

图 3-1-1 阶梯内孔零件图样

表 3-1-1 材料、工量具清单（阶梯内孔零件）

分类	名称	规格	数量	备注
材料	铝合金（2A12）棒料	ϕ60×42	1	
设备	车床配自定心卡盘	CK6140	1	
	卡盘扳手、刀架扳手	相应车床	1	
刀具	外圆车刀	35°	1	根据粗车、精车选择刀片
	内孔车刀	90°	1	
	打孔钻头	ϕ20mm	1	
量具	外径千分尺	0～25mm	1	
	外径千分尺	25～50mm	1	
	带表游标卡尺	0～150mm	1	
	内经千分尺	5～25mm	1	
工具及其他	回转顶尖	60°	1	
	锉刀		1 套	
	铜片	0.1～0.3mm	若干	
	垫片		若干	根据工件尺寸需要
	夹紧工具		1 套	

续表

分类	名称	规格	数量	备注
工具及其他	刷子		1	
	油壶		1	
	清洗油		若干	
	垫刀片		若干	
	草稿纸		适量	
	计算器		1	
	工作服、工作帽、护目镜		1 套	

3. 加工工艺分析

阶梯内孔零件加工工艺卡如表 3-1-2 所示。

表 3-1-2　加工工艺卡（阶梯内孔零件）

序号	加工内容	刀具	转速/（r/min）		进给速度/（r/mm）	背吃刀量/mm		操作方法	程序号
装夹工件伸出 25mm									
1	车左端面	T0404	1000		0.8	0.5		自动	O0001
2	车外圆到ϕ58 处	T0101	粗	1000	0.2	粗	2	自动	O0002
			精	2000	0.07	精	0.5		
掉头，装夹ϕ49 外圆并找正									
3	钻孔	T0505	800		0.12	10		自动	O0003
4	车右端面	T0404	1000		0.08	0.5		自动	O0004
5	车内孔	T0303	粗	1000	0.2	粗	2	自动	O0005
			精	2000	0.07	精	0.5		
6	车右外圆	T0101	粗	1000	0.2	粗	2	自动	O0006
			精	2000	0.07	精	0.5		

4. 加工程序

阶梯内孔零件加工程序如表 3-1-3 所示。

表 3-1-3　FANUC 系统加工程序（阶梯内孔零件）

程序段号	程序	程序说明
O0001		左端面加工程序
N10	G99G40M08	设置加工前准备参数
N20	M03S1000	
N30	T0404	
N40	G00X100Z200	

续表

程序段号	程序	程序说明
N50	G00X63Z2	刀具快速移动到循环起点
N60	G01Z0F0.08	左端面加工
N70	X-1	
N80	G00Z100	退刀至安全点，主轴停转，程序结束并返回
N90	X100	
N100	M09	
N110	M05	
N120	M30	
	O0002	外轮廓（外圆$\phi 58$）加工程序
N10	G99G40M08	设置加工前准备参数，并建立刀补
N20	M03S1000	
N30	T0101	
N40	G42G00X65Z10	
N50	G00X65Z8	刀具快速移动到循环起点
N60	G71U2R0.5	外轮廓粗车循环
N70	G71P80Q130X0.5Z0.05F0.2	
N80	G01X25Z6F0.2	外轮廓加工
N90	X49Z-6	
N100	Z-19.5	
N110	X58	
N120	Z-26	
N130	X60	
N140	G00X100	刀具退至安全点，主轴停转，程序暂停
N150	Z100	
N160	M05	
N170	M00	
N180	M03S2000	设置精加工前准备参数
N190	T0101	
N200	G00X60Z2	
N210	G70P80Q130CXF0.07	外轮廓精加工
N220	G40G00X100	退刀至安全点，主轴停转，程序结束并返回
N230	Z100	
N240	M09	
N250	M00	
N260	M30	

续表

程序段号	程序	程序说明
O0003		钻孔加工程序
N10	G99G40M08	设置加工前准备参数
N20	M03S800	
N30	T0505	
N40	G00X100Z100	
N50	G00X0	刀具快速移动到循环起点
N60	Z2	
N70	G01Z-40F0.12	钻孔加工
N80	G00Z100	退刀至安全点，主轴停转，程序结束并返回
N90	X100	
N100	M09	
N110	M00	
N120	M30	
O0004		右端面加工程序
N10	G99G40M08	设置加工前准备参数
N20	M03S1000	
N30	T0404	
N40	G00X100Z200	
N50	G00X63Z2	刀具快速移动到循环起点
N60	G01Z0F0.08	右端面加工
N70	X-1	
N80	G00Z100	退刀至安全点，主轴停转，程序结束并返回
N90	X100	
N100	M09	
N110	M05	
N120	M30	
O0005		内孔加工程序
N10	G99G40M08	设置加工前准备参数，并建立刀补
N20	M03S800	
N30	T0303	
N40	G42G00X50Z10	
N50	G00X19Z2	刀具快速移动到循环起点
N60	G71U2R0.5	内孔粗车循环
N70	G71P80Q160X-0.5Z0.05F0.2	

续表

程序段号	程序	程序说明
N80	G01X49Z0F0.2	内孔加工
N90	X45.12Z-11	
N100	X42	
N110	Z-21	
N120	X37	
N130	Z-26	
N140	X30,C1	
N150	Z-40	
N160	X19	
N170	G00Z100	刀具退至安全点，主轴停转，程序暂停
N180	X100	
N190	M05	
N200	M00	
N210	M03S1300	设置精加工前准备参数
N220	T0303	
N230	G00X19Z2	
N240	G70P80Q140F0.07	内孔精加工
N250	G40G00X18	退刀至安全点，主轴停转，程序结束并返回
N260	Z100	
N270	X100	
N280	M09	
N290	M05	
N300	M30	
O0006		外轮廓加工程序
N10	G99G40M08	设置加工前准备参数，并建立刀补
N20	M03S1000	
N30	T0101	
N40	G42G00X50Z10	
N50	G00X65Z2	刀具快速移动到循环起点
N60	G71U2R0.5	外轮廓粗车循环
N70	G71P80Q100X0.5Z0.05F0.2	
N80	G01X55Z0	外轮廓加工
N90	X50.68Z-12.5	
N100	X60	

续表

程序段号	程序	程序说明
N110	G00X100	刀具退至安全点，主轴停转，程序暂停
N120	Z100	
N130	M05	
N140	M00	
N150	M03S200	设置精加工前准备参数
N160	T0101	
N170	G00X55Z2	
N180	G70P80Q100CXF0.07	外轮廓精加工
N190	G40G00X100	退刀至安全点，主轴停转，程序结束并返回
N200	Z100	
N210	M09	
N220	M00	
N230	M30	

5. 评分标准

阶梯内孔零件加工实例评分表如表 3-1-4 所示。

表 3-1-4　评分表（阶梯内孔零件）

考核项目	序号	考核内容	评分标准	配分	检测结果	得分
工件质量	1	$\phi58_{-0.03}^{0}$	每超差 0.01 扣 1 分	8		
	2	$\phi49_{-0.03}^{0}$	每超差 0.01 扣 1 分	8		
	3	$\phi37_{+0.007}^{+0.028}$	每超差 0.01 扣 1 分	8		
	4	$\phi42_{0}^{+0.039}$	每超差 0.01 扣 1 分	8		
	5	$\phi30_{-0.015}^{+0.050}$	每超差 0.01 扣 1 分	7		
	6	12.5 ± 0.013	每超差 0.02 扣 1 分	7		
	7	$21_{0}^{+0.021}$、$11_{0}^{+0.04}$	每超差 0.02 扣 1 分	7		
	8	37 ± 0.05	每超差 0.02 扣 1 分	6		
	9	$6\times45°$	超差 0.1 全扣	6		
	10	倒角	每个不合格扣 1 分	6		
	11	表面粗糙度	*Ra*1.6 处每低一个等级扣 2 分，其余加工部位 30%不达要求扣 2 分，50%不达要求扣 3 分，75%不达要求扣 6 分	6		

续表

考核项目	序号	考核内容	评分标准	配分	检测结果	得分
工艺准备	12	工艺编制	酌情扣分	5		
	13	程序编写及输入	酌情扣分	5		
	14	切削三要素	酌情扣分	5		
安全文明生产	15	正确使用车床	酌情扣分	2		
	16	正确使用量具	酌情扣分	2		
	17	合理使用刀具	酌情扣分	2		
	18	设备维护保养	酌情扣分	2		
合计				100		
现场记录						

3.1.2 拓展与练习

对图 3-1-2 所示内台阶孔零件编程，毛坯尺寸为ϕ55×45 的铝合金棒料，额定工时为 1h。

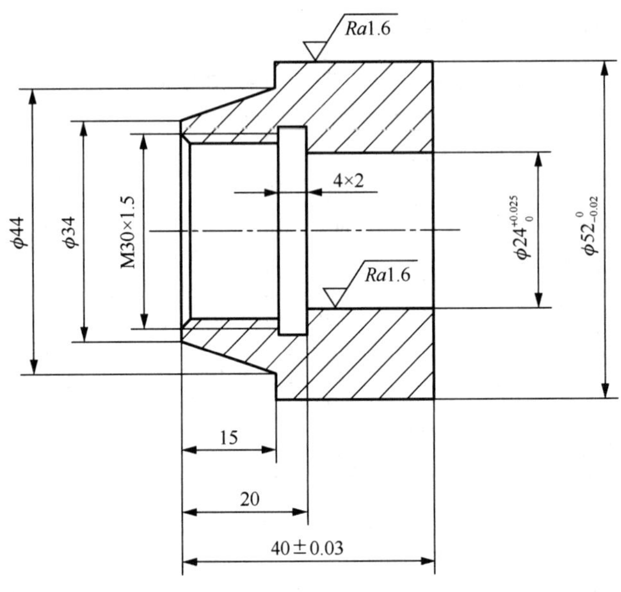

图 3-1-2 内台阶孔零件图

3.2 圆弧孔零件加工实例

3.2.1 圆弧孔零件加工实例详解

1. 图样

圆弧孔零件加工实例图样如图 3-2-1 所示。

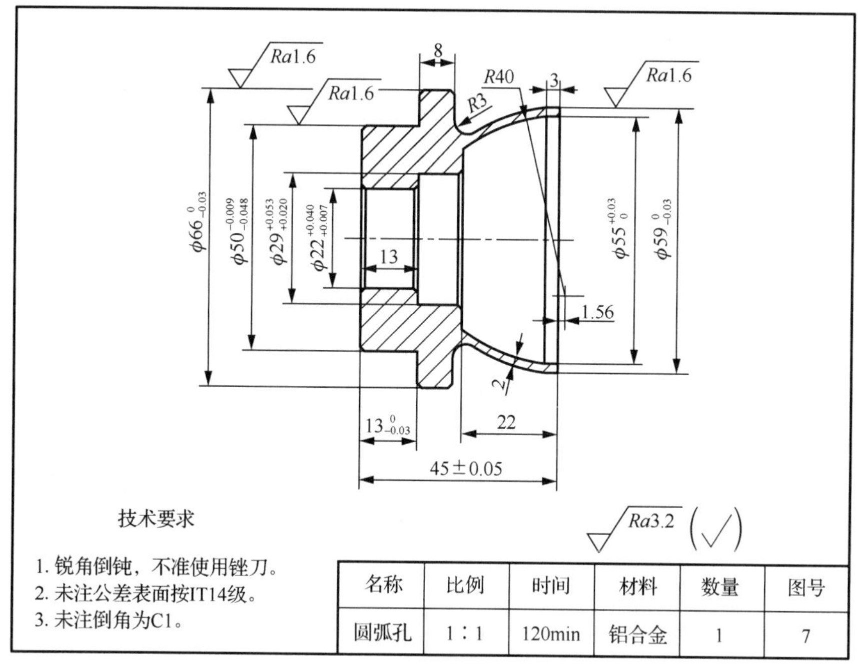

图 3-2-1 圆弧孔零件图样

2. 材料、工量具清单

加工圆弧孔零件所需材料、工量具清单如表 3-2-1 所示。

表 3-2-1 材料、工量具清单（圆弧孔零件）

分类	名称	规格	数量	备注
材料	铝合金（2A12）棒料	ϕ60×42	1	
设备	车床配自定心卡盘	CK6140	1	
	卡盘扳手、刀架扳手	相应车床	1	

续表

分类	名称	规格	数量	备注
刀具	外圆车刀	35°	1	根据粗车、精车选择刀片
	内孔车刀	90°	1	
	打孔钻头	ϕ20mm	1	
量具	外径千分尺	0～25mm	1	
	外径千分尺	25～50mm	1	
	带表游标卡尺	0～150mm	1	
	内径千分尺	5～25mm	1	
工具及其他	回转顶尖	60°	1	
	锉刀		1套	
	铜片	0.1～0.3mm	若干	
	垫片		若干	根据工件尺寸需要
	夹紧工具		1套	
	刷子		1	
	油壶		1	
	清洗油		若干	
	垫刀片		若干	
	草稿纸		适量	
	计算器		1	
	工作服、工作帽、护目镜		1套	

3. 加工工艺分析

圆弧孔零件加工工艺卡如表 3-2-2 所示。

表 3-2-2 加工工艺卡（圆弧孔零件）

序号	加工内容	刀具	转速/（r/min）		进给速度/（r/mm）	背吃刀量/mm		操作方法	程序号
装夹工件伸出 25mm									
1	车左端面	T0404	1000		0.8	0.5		自动	O0001
2	车外圆到ϕ66 处	T0101	粗	1000	0.2	粗	2	自动	O0002
			精	2000	0.07	精	0.5		
掉头，装夹ϕ50 外圆并找正									
3	钻孔	T0505	800		0.12	10		自动	O0003
4	车右端面	T0404	1000		0.08	0.5		自动	O0004
5	车内孔	T0303	粗	1000	0.2	粗	2	自动	O0005
			精	2000	0.07	精	0.5		

续表

序号	加工内容	刀具	转速/（r/min）		进给速度/（r/mm）	背吃刀量/mm		操作方法	程序号
6	车右外圆	T0101	粗	1000	0.2	粗	2	自动	O0006
			精	2000	0.07	精	0.5		

4. 加工程序

圆弧孔零件加工程序如表 3-2-3 所示。

表 3-2-3　FANUC 系统加工程序（圆弧孔零件）

程序段号	程序	程序说明
O0001		左端面加工程序
N10	G99G40M08	设置加工前准备参数
N20	M03S1000	
N30	T0404	
N40	G00X100Z200	
N50	G00X63Z2	刀具快速移动到循环起点
N60	G01Z0F0.08	左端面加工
N70	X-1	
N80	G00Z100	退刀至安全点，主轴停转，程序结束并返回
N90	X100	
N100	M09	
N110	M05	
N120	M30	
O0002		外轮廓（外圆ϕ66）加工程序
N10	G99G40M08	设置加工前准备参数，并建立刀补
N20	M03S1000	
N30	T0101	
N40	G42G00X65Z10	
N50	G00X65Z8	刀具快速移动到循环起点
N60	G71U2R0.5	外轮廓粗车循环
N70	G71P80Q130X0.5Z0.05F0.2	
N80	G01X25Z6F0.2	外轮廓加工
N90	X49Z-6	
N100	Z-19.5	
N110	X58	
N120	Z-26	
N130	X60	

续表

程序段号	程序	程序说明
N140	G00X100	刀具退至安全点，主轴停转，程序暂停
N150	Z100	
N160	M05	
N170	M00	
N180	M03S2000	设置精加工前准备参数
N190	T0101	
N200	G00X60Z2	
N210	G70P80Q130CXF0.07	外圆精加工
N220	G40G00X100	退刀至安全点，主轴停转，程序结束并返回
N230	Z100	
N240	M09	
N250	M00	
N260	M30	
O0003		钻孔加工程序
N10	G99G40M08	设置加工前准备参数
N20	M03S800	
N30	T0505	
N40	G00X100Z100	
N50	G00X0	刀具快速移动到循环起点
N60	Z2	
N70	G01Z-40F0.12	钻孔加工
N80	G00Z100	退刀至安全点，主轴停转，程序结束并返回
N90	X100	
N100	M09	
N110	M00	
N120	M30	
O0004		右端面加工程序
N10	G99G40M08	设置加工前准备参数
N20	M03S1000	
N30	T0404	
N40	G00X100Z200	
N50	G00X63Z2	刀具快速移动到循环起点
N60	G01Z0F0.08	右端面加工
N70	X-1	

续表

程序段号	程序	程序说明
N80	G00Z100	退刀至安全点，主轴停转，程序结束并返回
N90	X100	
N100	M09	
N110	M05	
N120	M30	
O0005		内孔加工程序
N10	G99G40M08	设置加工前准备参数，并建立刀补
N20	M03S800	
N30	T0303	
N40	G42G00X50Z10	
N50	G00X19Z2	刀具快速移动到循环起点
N60	G71U2R0.5	内孔粗车循环
N70	G71P80Q160X-0.5Z0.05F0.2	
N80	G01X49Z0F0.2	内孔加工
N90	X45.12Z-11	
N100	X42	
N110	Z-21	
N120	X37	
N130	Z-26	
N140	X30,C1	
N150	Z-40	
N160	X19	
N170	G00Z100	刀具退至安全点，主轴停转，程序暂停
N180	X100	
N190	M05	
N200	M00	
N210	M03S1300	设置精加工前准备参数
N220	T0303	
N230	G00X19Z2	
N240	G70P80Q140F0.07	内孔精加工
N250	G40G00X18	退刀至安全点，主轴停转，程序结束并返回
N260	Z100	
N270	X100	
N280	M09	
N290	M05	
N300	M30	

续表

<table>
<tr><th>程序段号</th><th>程序</th><th>程序说明</th></tr>
<tr><td colspan="2">O0006</td><td>外轮廓（右外圆）加工程序</td></tr>
<tr><td>N10</td><td>G99G40M08</td><td rowspan="4">设置加工前准备参数，并建立刀补</td></tr>
<tr><td>N20</td><td>M03S1000</td></tr>
<tr><td>N30</td><td>T0101</td></tr>
<tr><td>N40</td><td>G42G00X50Z10</td></tr>
<tr><td>N50</td><td>G00X65Z2</td><td>刀具快速移动到循环起点</td></tr>
<tr><td>N60</td><td>G71U2R0.5</td><td rowspan="2">外轮廓粗车循环</td></tr>
<tr><td>N70</td><td>G71P80Q100X0.5Z0.05F0.2</td></tr>
<tr><td>N80</td><td>G01X55Z0</td><td rowspan="3">外轮廓加工</td></tr>
<tr><td>N90</td><td>X50.68Z-12.5</td></tr>
<tr><td>N100</td><td>X60</td></tr>
<tr><td>N110</td><td>G00X100</td><td rowspan="4">刀具退至安全点，主轴停转，
程序暂停</td></tr>
<tr><td>N120</td><td>Z100</td></tr>
<tr><td>N130</td><td>M05</td></tr>
<tr><td>N140</td><td>M00</td></tr>
<tr><td>N150</td><td>M03S200</td><td rowspan="3">设置精加工前准备参数</td></tr>
<tr><td>N160</td><td>T0101</td></tr>
<tr><td>N170</td><td>G00X55Z2</td></tr>
<tr><td>N180</td><td>G70P80Q100CXF0.07</td><td>外轮廓精加工</td></tr>
<tr><td>N190</td><td>G40G00X100</td><td rowspan="5">退刀至安全点，主轴停转，
程序结束并返回</td></tr>
<tr><td>N200</td><td>Z100</td></tr>
<tr><td>N210</td><td>M09</td></tr>
<tr><td>N220</td><td>M00</td></tr>
<tr><td>N230</td><td>M30</td></tr>
</table>

5. 评分标准

圆弧孔零件加工实例评分表如表 3-2-4 所示。

表 3-2-4 评分表（圆弧孔零件）

<table>
<tr><th>考核项目</th><th>序号</th><th>考核内容</th><th>评分标准</th><th>配分</th><th>检测结果</th><th>得分</th></tr>
<tr><td rowspan="6">工件
质量</td><td>1</td><td>$\phi66_{-0.03}^{0}$</td><td>每超差 0.01 扣 1 分</td><td>7</td><td></td><td></td></tr>
<tr><td>2</td><td>$\phi50_{-0.048}^{-0.009}$</td><td>每超差 0.01 扣 1 分</td><td>7</td><td></td><td></td></tr>
<tr><td>3</td><td>$\phi59_{-0.03}^{0}$</td><td>每超差 0.01 扣 1 分</td><td>7</td><td></td><td></td></tr>
<tr><td>4</td><td>$\phi22_{+0.007}^{+0.040}$</td><td>每超差 0.01 扣 1 分</td><td>7</td><td></td><td></td></tr>
<tr><td>5</td><td>$\phi29_{+0.020}^{+0.053}$</td><td>每超差 0.01 扣 1 分</td><td>7</td><td></td><td></td></tr>
<tr><td>6</td><td>$\phi55_{0}^{+0.03}$</td><td>每超差 0.02 扣 1 分</td><td>7</td><td></td><td></td></tr>
</table>

续表

考核项目	序号	考核内容	评分标准	配分	检测结果	得分
工件质量	7	45±0.05	每超差 0.02 扣 1 分	6		
	8	$13_{-0.03}^{0}$	每超差 0.02 扣 1 分	6		
	9	*R*40	超差 0.1 全扣	6		
	10	倒角	每个不合格扣 1 分	6		
	11	表面粗糙度	*Ra*1.6 处每低一个等级扣 2 分，其余加工部位 30%不达要求扣 2 分，50%不达要求扣 3 分，75%不达要求扣 6 分	6		
工艺准备	12	工艺编制	酌情扣分	5		
	13	程序编写及输入	酌情扣分	6		
	14	切削三要素	酌情扣分	5		
安全文明生产	15	正确使用车床	酌情扣分	3		
	16	正确使用量具	酌情扣分	3		
	17	合理使用刀具	酌情扣分	3		
	18	设备维护保养	酌情扣分	3		
合计				100		
现场记录						

3.2.2 拓展与练习

对图 3-2-2 所示圆弧孔零件编程，毛坯尺寸为ϕ55×45 的铝合金棒料，额定工时为 1.5h。

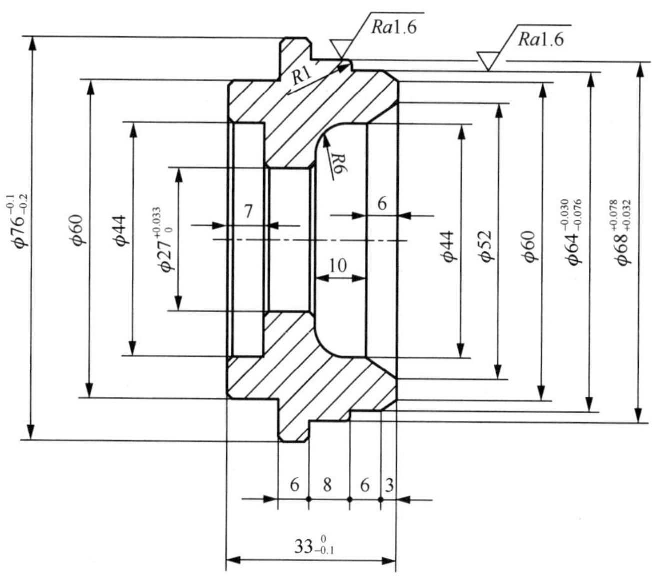

图 3-2-2 圆弧孔零件图

3.3 薄壁套零件加工实例

3.3.1 薄壁套零件加工实例详解

1. 图样

薄壁套零件加工实例图样如图 3-3-1 所示。

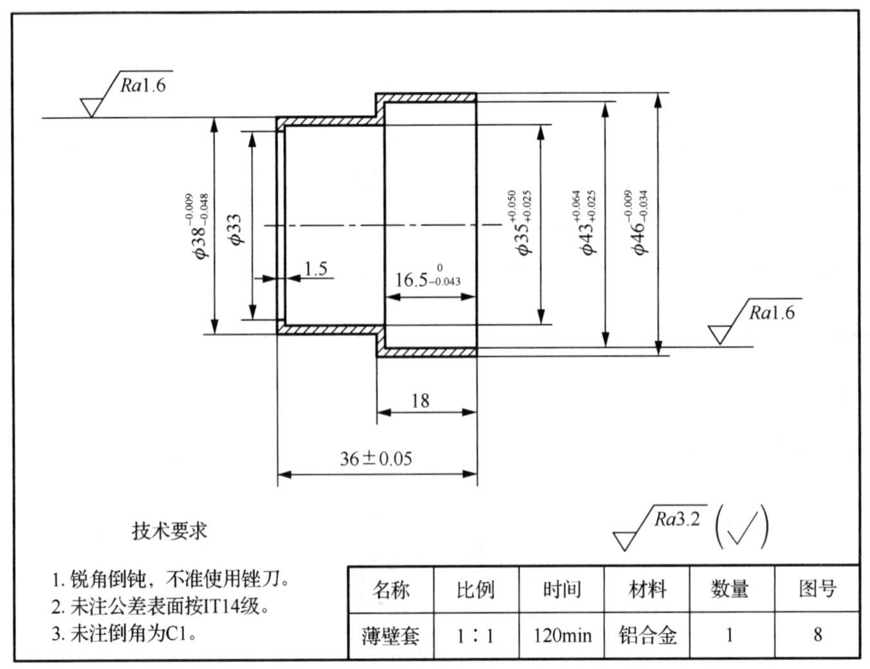

图 3-3-1　薄壁套零件图样

2. 材料、工量具清单

加工薄壁套零件所需材料、工量具清单如表 3-3-1 所示。

表 3-3-1　材料、工量具清单（薄壁套零件）

分类	名称	规格	数量	备注
材料	铝合金（2A12）棒料	ϕ50×40	1	
设备	车床配自定心卡盘	CK6140	1	
	卡盘扳手、刀架扳手	相应车床	1	

续表

分类	名称	规格	数量	备注
刀具	外圆车刀	35°	1	根据粗车、精车选择刀片
	内孔车刀	90°	1	
	U 钻	ϕ20mm	1	
量具	外径千分尺	0～25mm	1	
	外径千分尺	25～50mm	1	
	带表游标卡尺	0～150mm	1	
	内径千分尺	5～25mm	1	
工具及其他	回转顶尖	60°	1	
	锉刀		1 套	
	铜片	0.1～0.3mm	若干	
	垫片		若干	根据工件尺寸需要
	夹紧工具		1 套	
	刷子		1	
	油壶		1	
	清洗油		若干	
	垫刀片		若干	
	草稿纸		适量	
	计算器		1	
	工作服、工作帽、护目镜		1 套	

3. 加工工艺分析

薄壁套零件加工工艺卡如表 3-3-2 所示。

表 3-3-2　加工工艺卡（薄壁套零件）

序号	加工内容	刀具	转速/（r/min）		进给速度/（r/mm）	背吃刀量/mm		操作方法	程序号
装夹工件伸出 25mm									
1	车左端面	T0404	1000		0.08	0.5		自动	O0001
2	钻孔	T0505	800		0.12	10		自动	O0002
3	车外圆到ϕ38 处	T0101	粗	1000	0.2	粗	2	自动	O0003
			精	2000	0.07	精	0.5		
掉头，装夹ϕ38 外圆并找正									
4	车右端面	T0404	1000		0.08	0.5		自动	O0004
5	车内孔	T0303	粗	800	0.18	粗	2	自动	O0005
			精	1300	0.07	精	0.5		

续表

序号	加工内容	刀具	转速/（r/min）		进给速度/（r/mm）	背吃刀量/mm		操作方法	程序号
6	车右外圆	T0101	粗	800	0.15	粗	2	自动	O0006
			精	1500	0.07	精	0.5		

4．加工程序

薄壁套零件加工程序如表 3-3-3 所示。

表 3-3-3　FANUC 系统加工程序（薄壁套零件）

程序段号	程序	程序说明
O0001		左端面加工程序
N10	G99G40M08	设置加工前准备参数
N20	M03S1000	
N30	T0404	
N40	G00X100Z200	
N50	G00X53Z2	刀具快速移动到循环起点
N60	G01Z0F0.08	右端面加工
N70	X-1	
N80	G00Z100	退刀至安全点，主轴停转，程序结束并返回
N90	X100	
N100	M09	
N110	M05	
N120	M30	
O0002		钻孔加工程序
N10	G99G40M08	设置加工前准备参数
N20	M03S800	
N30	T0505	
N40	G00X100Z100	
N50	G00X0	刀具快速移动到循环起点
N60	Z2	
N70	G01Z-40F0.12	钻孔加工
N80	G00Z100	退刀至安全点，主轴停转，程序结束并返回
N90	X100	
N100	M09	
N110	M00	
N120	M30	

续表

程序段号	程序	程序说明
O0003		外轮廓（外圆ϕ38）加工程序
N10	G99G40M08	设置加工前准备参数，并建立刀补
N20	M03S1000	
N30	T0101	
N40	G42G00X50Z10	
N50	G00X48Z2	刀具快速移动到循环起点
N60	G71U2R0.5	外轮廓粗车循环
N70	G71P80Q100X0.5Z0.05F0.2	
N80	G01X38Z1F0.2	外轮廓加工
N90	Z-18	
N100	X55	
N110	G00X100	刀具退至安全点，主轴停转，程序暂停
N120	Z100	
N130	M05	
N140	M00	
N150	M03S200	设置精加工前准备参数
N160	T0101	
N170	G00X55Z2	
N180	G70P80Q100CXF0.07	外轮廓精加工
N190	G40G00X100	退刀至安全点，主轴停转，程序结束并返回
N200	Z100	
N210	M09	
N220	M00	
N230	M30	
O0004		右端面加工程序
N10	G99G40M08	设置加工前准备参数
N20	M03S1000	
N30	T0404	
N40	G00X100Z200	
N50	G00X55Z2	刀具快速移动到循环起点
N60	G01Z0F0.08	右端面加工
N70	X-1	

续表

程序段号	程序	程序说明
N80	G00Z100	退刀至安全点，主轴停转，程序结束并返回
N90	X100	
N100	M09	
N110	M05	
N120	M30	
O0005		内孔加工程序
N10	G99G40M08	设置加工前准备参数，并建立刀补
N20	M03S800	
N30	T0303	
N40	G41G00X50Z10	
N50	G00X19Z2	刀具快速移动到循环起点
N60	G71U2R0.5	内孔粗车循环
N70	G71P80Q140X-0.5Z0.05F0.2	
N80	G01X43Z1F0.18	内孔加工
N90	Z-16.5	
N100	X35	
N110	Z-34.5	
N120	X33	
N130	Z-40	
N140	X18	
N150	G00Z100	刀具退至安全点，主轴停转，程序暂停
N160	X100	
N170	M05	
N180	M00	
N190	M03S1300	设置精加工前准备参数
N200	T0303	
N210	G00X19Z2	
N220	G70P80Q140F0.07	内孔精加工
N230	G40G00X18	退刀至安全点，主轴停转，程序结束并返回
N240	Z100	
N250	X100	
N260	M09	
N270	M05	
N280	M30	

续表

程序段号	程序	程序说明
O0006		右外轮廓（$\phi46$）加工程序
N10	G99G40M08	设置加工前准备参数，并建立刀补
N20	M03S800	
N30	T0101	
N40	G42G00X50Z10	
N50	G00X53Z2	刀具快速移动到循环起点
N60	G71U2R0.5	外轮廓粗车循环
N70	G71P80Q120X0.5Z0.05F0.15	
N80	G01X46Z1F0.15	外轮廓加工
N90	Z-20	
N100	G00X100	刀具退至安全点，主轴停转，程序暂停
N110	Z100	
N120	M05	
N130	M00	
N140	M03S1500	设置精加工前准备参数
N150	T0101	
N160	G00X53Z2	
N170	G70P80Q90F0.07	外圆精加工
N180	G40G00X100	退刀至安全点，主轴停转，程序结束并返回
N190	Z100	
N200	M09	
N210	M00	
N220	M30	

5. 评分标准

薄壁套零件加工实例评分表如表 3-3-4 所示。

表 3-3-4　评分表（薄壁套零件）

考核项目	序号	考核内容	评分标准	配分	检测结果	得分
工件质量	1	$\phi38_{-0.048}^{-0.009}$	每超差 0.01 扣 1 分	10		
	2	$\phi35_{+0.025}^{+0.050}$	每超差 0.01 扣 1 分	10		
	3	36 ± 0.05	每超差 0.01 扣 1 分	8		
	4	$\phi43_{+0.025}^{+0.064}$	每超差 0.01 扣 1 分	10		
	5	$\phi46_{-0.034}^{-0.009}$	每超差 0.01 扣 1 分	10		

续表

考核项目	序号	考核内容	评分标准	配分	检测结果	得分
工件质量	6	$16.5_{-0.043}^{0}$	每超差 0.02 扣 1 分	10		
	7	表面粗糙度	*Ra*1.6 处每低一个等级扣 2 分，其余加工部位 30%不达要求扣 2 分，50%不达要求扣 3 分，75%不达要求扣 6 分	9		
工艺准备	8	工艺编制	酌情扣分	10		
	9	程序编写及输入	酌情扣分	10		
	10	切削三要素	酌情扣分	5		
安全文明生产	11	正确使用车床	酌情扣分	2		
	12	正确使用量具	酌情扣分	2		
	13	合理使用刀具	酌情扣分	2		
	14	设备维护保养	酌情扣分	2		
合计				100		
现场记录						

3.3.2 拓展与练习

对图 3-3-2 所示薄壁套零件编程，毛坯尺寸为ϕ55×45 的铝合金棒料，额定工时为 1h。

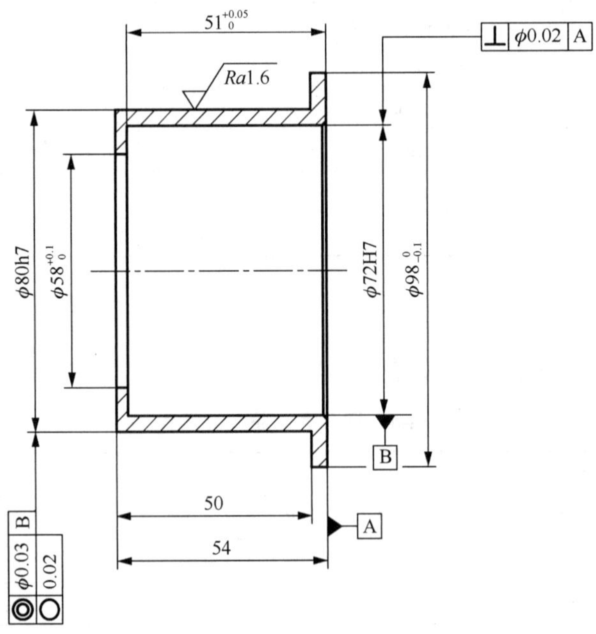

图 3-3-2　薄壁套零件图

3.4　平底孔零件加工实例

3.4.1　平底孔零件加工实例详解

1. 图样

平底孔零件加工实例图样如图 3-4-1 所示。

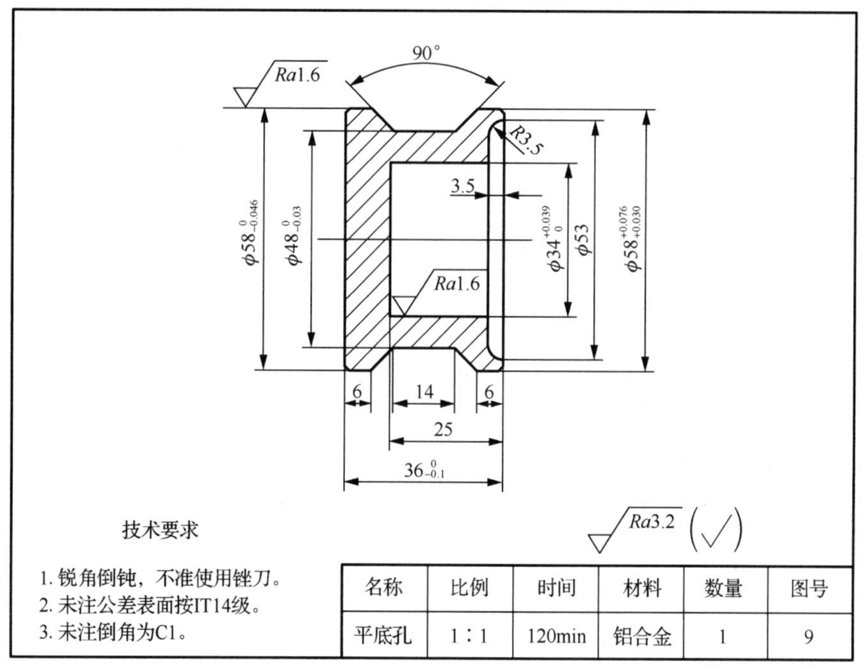

图 3-4-1　平底孔零件图样

2. 材料、工量具清单

加工平底孔零件所需材料、工量具清单如表 3-4-1 所示。

表 3-4-1　材料、工量具清单（平底孔零件）

分类	名称	规格	数量	备注
材料	铝合金（2A12）棒料	$\phi60\times40$	1	
设备	车床配自定心卡盘	CK6140	1	
	卡盘扳手、刀架扳手	相应车床	1	

续表

分类	名称	规格	数量	备注
刀具	外圆车刀	35°	1	根据粗车、精车选择刀片
	内孔车刀	90°	1	
	U 钻	ϕ20mm	1	
量具	外径千分尺	0～25mm	1	
	外径千分尺	25～50mm	1	
	带表游标卡尺	0～150mm	1	
	内径千分尺	5～25mm	1	
工具及其他	回转顶尖	60°	1	
	锉刀		1 套	
	铜片	0.1～0.3mm	若干	
	垫片		若干	根据工件尺寸需要
	夹紧工具		1 套	
	刷子		1	
	油壶		1	
	清洗油		若干	
	垫刀片		若干	
	草稿纸		适量	
	计算器		1	
	工作服、工作帽、护目镜		1 套	

3. 加工工艺分析

平底孔零件加工工艺卡如表 3-4-2 所示。

表 3-4-2 加工工艺卡（平底孔零件）

<table>
<tr><th>序号</th><th>加工内容</th><th>刀具</th><th colspan="2">转速/（r/min）</th><th>进给速度/（r/mm）</th><th colspan="2">背吃刀量/mm</th><th>操作方法</th><th>程序号</th></tr>
<tr><td colspan="10">装夹工件伸出 25mm</td></tr>
<tr><td>1</td><td>车左端面</td><td>T0404</td><td colspan="2">1000</td><td>0.08</td><td colspan="2">0.5</td><td>自动</td><td>O0001</td></tr>
<tr><td rowspan="2">2</td><td rowspan="2">车外圆到ϕ58 处</td><td rowspan="2">T0101</td><td>粗</td><td>1000</td><td>0.2</td><td>粗</td><td>2</td><td rowspan="2">自动</td><td rowspan="2">O0002</td></tr>
<tr><td>精</td><td>2000</td><td>0.07</td><td>精</td><td>0.5</td></tr>
<tr><td colspan="10">掉头，装夹ϕ58 外圆并找正</td></tr>
<tr><td>3</td><td>车右端面</td><td>T0404</td><td colspan="2">1000</td><td>0.08</td><td colspan="2">0.5</td><td>自动</td><td>O0003</td></tr>
<tr><td>4</td><td>钻孔</td><td>T0505</td><td colspan="2">800</td><td>0.12</td><td colspan="2">10</td><td>自动</td><td>O0004</td></tr>
<tr><td rowspan="2">5</td><td rowspan="2">车内孔</td><td rowspan="2">T0303</td><td>粗</td><td>1000</td><td>0.2</td><td>粗</td><td>2</td><td rowspan="2">自动</td><td rowspan="2">O0005</td></tr>
<tr><td>精</td><td>2000</td><td>0.07</td><td>精</td><td>0.5</td></tr>
</table>

续表

序号	加工内容	刀具	转速/（r/min）		进给速度/（r/mm）	背吃刀量/mm		操作方法	程序号
6	车右外圆	T0101	粗	1000	0.2	粗	2	自动	O0006
			精	2000	0.07	精	0.5		

4. 加工程序

平底孔零件加工程序如表 3-4-3 所示。

表 3-4-3　FANUC 系统加工程序（平底孔零件）

程序段号	程序	程序说明
O0001		左端面加工程序
N10	G99G40M08	设置加工前准备参数
N20	M03S1000	
N30	T0404	
N40	G00X100Z200	
N50	G00X63Z2	刀具快速移动到循环起点
N60	G01Z0F0.08	左端面加工
N70	X-1	
N80	G00Z100	退刀至安全点，主轴停转，程序结束并返回
N90	X100	
N100	M09	
N110	M05	
N120	M30	
O0002		外轮廓（外圆$\phi 58$）加工程序
N10	G99G40M08	设置加工前准备参数，并建立刀补
N20	M03S1000	
N30	T0101	
N40	G42G00X65Z10	
N50	G00X65Z2	刀具快速移动到循环起点
N60	G71U2R0.5	外轮廓粗车循环
N70	G71P80Q130X0.5Z0.05F0.2	
N80	G01X54Z1F0.2	外轮廓加工
N90	X58Z-1	
N100	Z-6	
N110	X48Z-11	
N120	Z-25	
N130	X60Z-31	

续表

程序段号	程序	程序说明
N140	G00X100	刀具退至安全点，主轴停转，程序暂停
N150	Z100	
N160	M05	
N170	M00	
N180	M03S2000	设置精加工前准备参数
N190	T0101	
N200	G00X60Z2	
N210	G70P80Q130CXF0.07	外轮廓精加工
N220	G40G00X100	退刀至安全点，主轴停转，程序结束并返回
N230	Z100	
N240	M09	
N250	M00	
N260	M30	
O0003		右端面加工程序
N10	G99G40M08	设置加工前准备参数
N20	M03S1000	
N30	T0404	
N40	G00X100Z200	
N50	G00X65Z2	刀具快速移动到循环起点
N60	G01Z0F0.08	右端面加工
N70	X-1	
N80	G00Z100	退刀至安全点，主轴停转，程序结束并返回
N90	X100	
N100	M09	
N110	M05	
N120	M30	
O0004		钻孔加工程序
N10	G99G40M08	设置加工前准备参数
N20	M03S800	
N30	T0505	
N40	G00X100Z100	
N50	G00X0	刀具快速移动到循环起点
N60	Z2	
N70	G01Z-24.9F0.12	钻孔加工

续表

程序段号	程序	程序说明
N80	G00Z100	退刀至安全点，主轴停转，程序结束并返回
N90	X100	
N100	M09	
N110	M00	
N120	M30	
O0005		内孔加工程序
N10	G99G40M08	设置加工前准备参数，并建立刀补
N20	M03S800	
N30	T0303	
N40	G41G00X50Z10	
N50	G00X19Z2	刀具快速移动到循环起点
N60	G71U2R0.5	内孔粗车循环
N70	G71P80Q110X-0.5Z0.05F0.2	
N80	G01X53Z1F0.2	内孔加工
N90	Z-3.5,R3.5	
N100	X34	
N110	Z-25	
N120	G00Z100	刀具退至安全点，主轴停转，程序暂停
N130	X100	
N140	M05	
N150	M00	
N160	M03S1300	设置精加工前准备参数
N170	T0303	
N180	G00X19Z2	
N190	G70P80Q110F0.07	内孔精加工
N200	G01X-1.5	
N210	G40G00X18	退刀至安全点，主轴停转，程序结束并返回
N220	Z100	
N230	X100	
N240	M09	
N250	M05	
N260	M30	
O0006		外轮廓（右外圆）加工程序
N10	G99G40M08	设置加工前准备参数，并建立刀补
N20	M03S1000	

续表

程序段号	程序	程序说明
N30	T0101	设置加工前准备参数，并建立刀补
N40	G42G00X65Z10	
N50	G00X65Z8	刀具快速移动到循环起点
N60	G71U2R0.5	外轮廓粗车循环
N70	G71P80Q130X0.5Z0.05F0.2	
N80	G01X54Z1F0.2	外轮廓加工
N90	X58Z-1	
N100	Z-7	
N110	G00X100	刀具退至安全点，主轴停转，程序暂停
N120	Z100	
N130	M05	
N140	M00	
N150	M03S2000	设置精加工前准备参数
N160	T0101	
N170	G00X60Z2	
N180	G70P80Q130CXF0.07	外轮廓精加工
N190	G40G00X100	退刀至安全点，主轴停转，程序结束并返回
N200	Z100	
N210	M09	
N220	M00	
N230	M30	

5. 评分标准

平底孔零件加工实例评分表如表 3-4-4 所示。

表 3-4-4 评分表（平底孔零件）

考核项目	序号	考核内容	评分标准	配分	检测结果	得分
工件质量	1	$\phi58^{+0.076}_{+0.030}$	每超差 0.01 扣 1 分	9		
	2	$\phi58^{0}_{-0.046}$	每超差 0.01 扣 1 分	9		
	3	$36^{0}_{-0.1}$	每超差 0.01 扣 1 分	8		
	4	$\phi34^{+0.039}_{0}$，$\phi48^{0}_{-0.03}$	每超差 0.01 扣 1 分	9		
	5	$R3.5$	每超差 0.02 扣 1 分	6		
	6	25	超差 0.1 全扣	6		
	7	90°	每超差 0.02 扣 1 分	6		

续表

考核项目	序号	考核内容	评分标准	配分	检测结果	得分
工件质量	8	3.5	超差 0.1 全扣	6		
	9	倒角	每个不合格扣 1 分	6		
	10	表面粗糙度	*Ra*1.6 处每低一个等级扣 2 分，其余加工部位 30%不达要求扣 2 分，50%不达要求扣 3 分，75%不达要求扣 6 分	12		
工艺准备	11	工艺编制	酌情扣分	5		
	12	程序编写及输入	酌情扣分	5		
	13	切削三要素	酌情扣分	5		
安全文明生产	14	正确使用车床	酌情扣分	2		
	15	正确使用量具	酌情扣分	2		
	16	合理使用刀具	酌情扣分	2		
	17	设备维护保养	酌情扣分	2		
合计				100		
现场记录						

3.4.2　拓展与练习

对图 3-4-2 所示平底孔零件编程，毛坯尺寸为ϕ65×75 的铝合金棒料，额定工时为 1h。

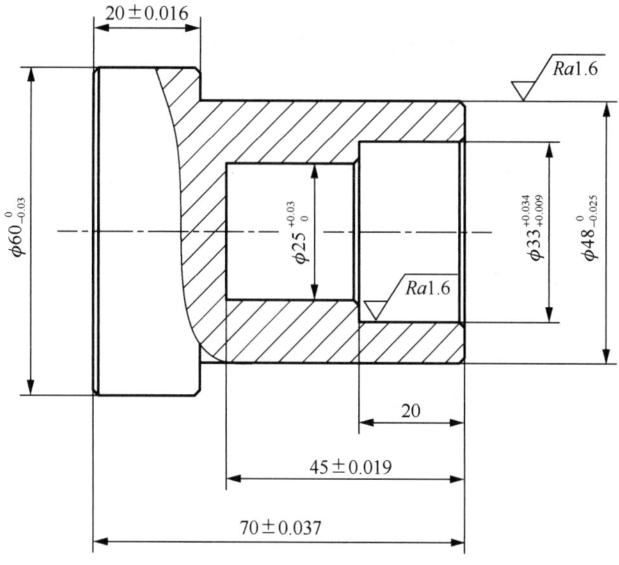

图 3-4-2　平底孔零件图

第4章　槽类切削编程及加工实例详解

学习要点

1）掌握在数控车床上切断工件与车沟槽的基本方法。

2）掌握切槽刀的安装、调整以及对刀操作。

3）掌握切槽、切断指令的编程格式与编程方法。

4）掌握 FANUC 系统槽类切削的程序编制。

技能目标

1）掌握数控车床上切槽的基本方法。

2）会编制工件切槽的加工工艺路线。

3）能熟练正确地使用量具检测槽类零件的相关尺寸。

4.1　带槽零件加工实例

4.1.1　带槽零件加工实例详解

1. 图样

带槽零件加工实例图样如图 4-1-1 所示。

2. 材料、工量具清单

加工带槽零件所需材料、工量具清单如表 4-1-1 所示。

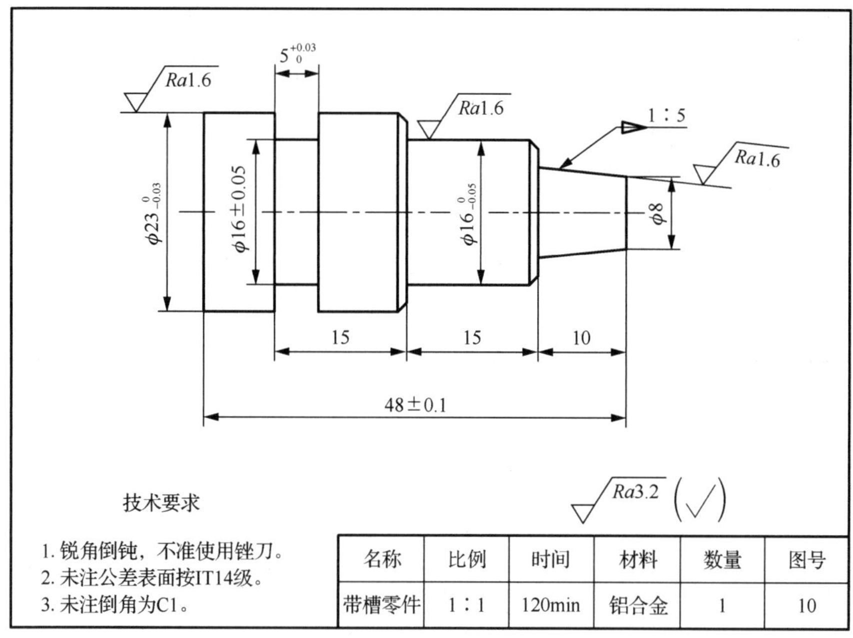

图 4-1-1　带槽零件图样

表 4-1-1　材料、工量具清单（带槽零件）

分类	名称	规格	数量	备注
材料	铝合金（2A12）棒料	ϕ25×50	1	
设备	车床配自定心卡盘	CK6140	1	
	卡盘扳手、刀架扳手	相应车床	1	
刀具	外圆车刀	35°	1	根据粗车、精车选择刀片
	切槽车刀	刀宽 3mm	1	
	U 钻	ϕ20mm	1	
量具	外径千分尺	0～25mm	1	
	外径千分尺	25～50mm	1	
	带表游标卡尺	0～150mm	1	
	内径千分尺	5～25mm	1	
工具及其他	回转顶尖	60°	1	
	锉刀		1 套	
	铜片	0.1～0.3mm	若干	
	垫片		若干	根据工件尺寸需要
	夹紧工具		1 套	

续表

分类	名称	规格	数量	备注
工具及其他	刷子		1	
	油壶		1	
	清洗油		若干	
	垫刀片		若干	
	草稿纸		适量	
	计算器		1	
	工作服、工作帽、护目镜		1套	

3. 加工工艺分析

带槽零件加工工艺卡如表4-1-2所示。

表4-1-2 加工工艺卡（带槽零件）

序号	加工内容	刀具	转速/（r/min）		进给速度/（r/mm）	背吃刀量/mm		操作方法	程序号
装夹工件伸出50mm									
1	车左端面	T0404	1000		0.08	0.5		自动	O0001
2	车外圆	T0101	粗	1000	0.2	粗	2	自动	O0002
			精	2000	0.07	精	0.5		
3	切槽	T0202	粗	1000	0.13	粗	2	自动	O0003
			精	1500	0.08	精	0.5		
掉头，装夹ϕ22外圆，并找正									
4	车右端面	T0404	1000		0.08	0.5		自动	O0004
5	车右端锥度及外圆	T0101	粗	1000	0.2	粗	2	自动	O0005
			精	2000	0.08	精	0.5		

4. 加工程序

带槽零件加工程序如表4-1-3所示。

表4-1-3 FANUC系统加工程序（带槽零件）

程序段号	程序	程序说明
O0001		左端面加工程序
N10	G99G40M08	设置加工前准备参数
N20	M03S1000	
N30	T04042	
N40	G00X100Z200	

续表

程序段号	程序	程序说明
N50	G00X30Z2	刀具快速移动到循环起点
N60	G01Z0F0.08	左端面加工
N70	X-1	
N80	G00Z100	退刀至安全点，主轴停转，程序结束并返回
N90	X100	
N100	M09	
N110	M05	
N120	M30	
O0002		外圆加工程序
N10	G99G40M08	设置加工前准备参数，并建立刀补
N20	M03S1000	
N30	T0101	
N40	G42G00X35Z10	
N50	G00X30Z2	刀具快速移动到循环起点
N60	G71U2R0.5	外圆粗车循环
N70	G71P80Q140X0.5Z0.05F0.2	
N80	G00X22Z1	外圆加工
N90	G01Z-25F0..2	
N100	G00X100	刀具退至安全点，主轴停转，程序暂停
N110	Z100	
N120	M05	
N130	M00	
N140	M03S2000	设置精加工前准备参数
N150	T0101	
N160	G00X35Z2	
N170	G70P80Q140F0.07	外圆精加工
N180	G40G00X100	退刀至安全点，主轴停转，程序结束并返回
N190	Z100	
N200	M09	
N210	M05	
N220	M30	
O0003		槽加工程序
N10	G99G40M08	设置加工前准备参数
N20	M03S1000	

续表

程序段号	程序	程序说明
N30	T0202	设置加工前准备参数
N40	G00X100Z200	
N50	G00X25	刀具快速移动到循环起点
N60	Z-12.5	槽粗加工
N70	G01X16.5F0.13	
N80	G00X25	
N90	Z-11.5	
N100	G01X16.5F0.13	
N110	G00X100	退刀至安全点，主轴停转，程序结束并返回
N120	Z100	
N130	M09	
N140	M05	
N150	M30	
N160	G99G40M08	设置加工前准备参数
N170	M03S1500	
N180	T0202	
N190	G00X100Z200	
N200	G00X25Z2	刀具快速移动到循环起点
N210	Z-13	槽精加工
N220	G01X16F0.08	
N230	Z-11.5	
N240	G00X25	
N250	Z-11	
N260	G01X16F0.08	
N270	Z-11.5	
N280	G00X100	退刀至安全点，主轴停转，程序结束并返回
N290	Z100	
N300	M09	
N310	M05	
N320	M30	
O0004		右外轮廓加工程序
N10	G99G40M08	设置加工前准备参数，并建立刀补
N20	M03S1000	

续表

程序段号	程序	程序说明
N30	T0404	设置加工前准备参数，并建立刀补
N40	G00X100Z200	
N50	G00X25Z2	刀具快速移动到循环起点
N60	G01Z0F0.08	右端面加工
N70	X-1	
N80	G00Z100	退刀至安全点，主轴停转，程序结束并返回
N90	X100	
N100	M09	
N110	M05	
N120	M30	
O0005		右端锥度外圆加工程序
N10	G99G40M08	设置加工前准备参数，并建立刀补
N20	M03S1000	
N30	T0101	
N40	G42G00X50Z10	
N50	G00X40Z2	刀具快速移动到循环起点
N60	G71U2R0.5	外轮廓粗车循环
N70	G71P80Q140X0.5Z0.05F0.2	
N80	G00X8Z1	外轮廓及外端锥度加工
N90	G01Z0F0.2	
N100	X10Z-10	
N110	X16，C1	
N120	Z-25	
N130	X20	
N140	X24Z-27	
N150	G00X100	刀具退至安全点，主轴停转，程序暂停
N160	Z100	
N170	M05	
N180	M00	
N190	M03S2000	设置精加工前准备参数
N200	T0101	
N210	G00X40Z2	
N220	G70P80Q140F0.08	外轮廓精加工

续表

程序段号	程序	程序说明
N230	G40G00X100	退刀至安全点，主轴停转，程序结束并返回
N240	Z100	
N250	M09	
N260	M05	
N270	M30	

5. 评分标准

带槽零件加工实例评分表如表 4-1-4 所示。

表 4-1-4　评分表（带槽零件）

考核项目	序号	考核内容	评分标准	配分	检测结果	得分
工件质量	1	$\phi 23_{-0.03}^{0}$	每超差 0.01 扣 1 分	8		
	2	$\phi 16_{-0.05}^{0}$	每超差 0.01 扣 1 分	8		
	3	$\phi 16 \pm 0.05$	每超差 0.01 扣 1 分	6		
	4	$5_{0}^{+0.03}$	每超差 0.01 扣 1 分	8		
	5	48 ± 0.1	每超差 0.02 扣 1 分	6		
	6	15	超差 0.1 全扣	6		
	7	15	超差 0.1 全扣	6		
	8	10	超差 0.1 全扣	6		
	9	锥度 1:5	超差 0.1 全扣	6		
	10	倒角	每个不合格扣 1 分	6		
	11	表面粗糙度	*Ra*1.6 处每低一个等级扣 2 分，其余加工部位 30%不达要求扣 2 分，50%不达要求扣 3 分，75%不达要求扣 6 分	8		
工艺准备	12	工艺编制	酌情扣分	6		
	13	程序编写及输入	酌情扣分	6		
	14	切削三要素	酌情扣分	6		
安全文明生产	15	正确使用车床	酌情扣分	2		
	16	正确使用量具	酌情扣分	2		
	17	合理使用刀具	酌情扣分	2		
	18	设备维护保养	酌情扣分	2		
合计				100		
现场记录						

4.1.2　拓展与训练

对图 4-1-2 所示斜槽零件编程，毛坯尺寸为$\phi70\times55$ 的铝合金棒料，额定工时为 1h。

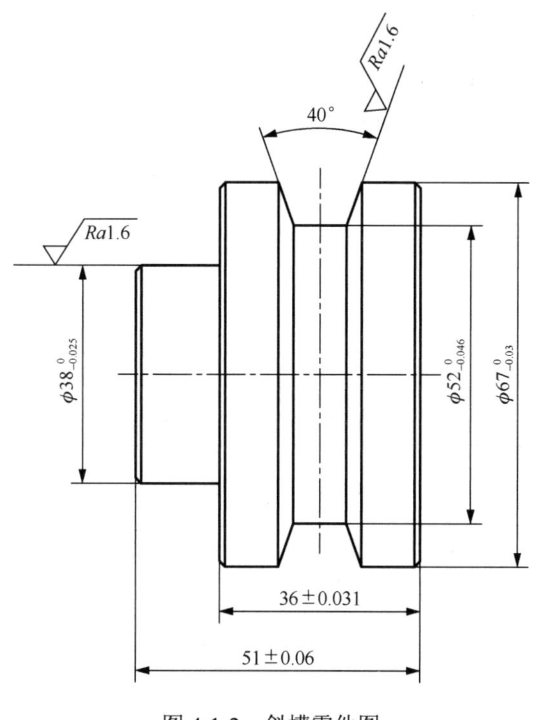

图 4-1-2　斜槽零件图

4.2　多槽零件加工实例

4.2.1　多槽零件加工实例详解

1. 图样

多槽零件加工实例图样如图 4-2-1 所示。

2. 材料、工量具清单

加工多槽零件所需材料、工量具清单如表 4-2-1 所示。

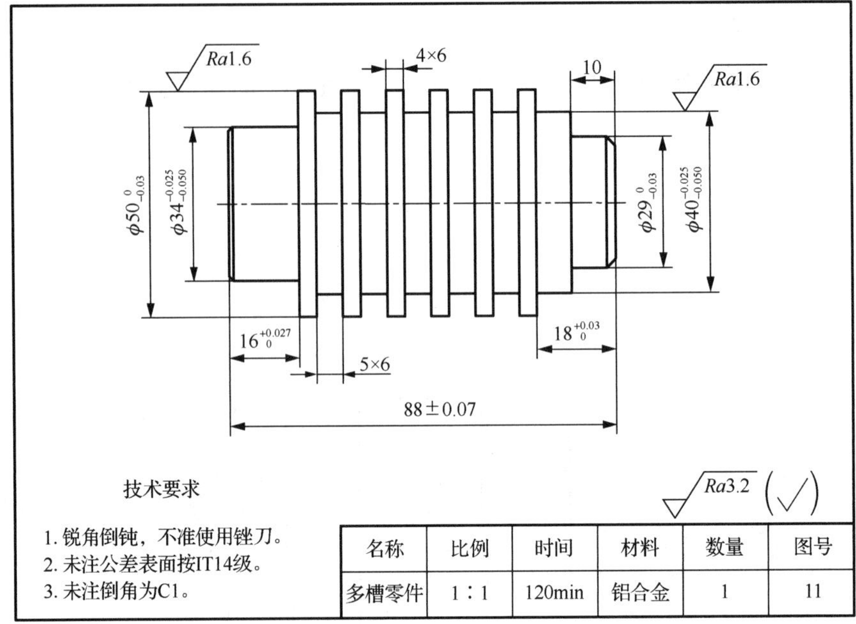

图 4-2-1　多槽零件图样

表 4-2-1　材料、工量具清单（多槽零件）

分类	名称	规格	数量	备注
材料	铝合金（2A12）棒料	ϕ55×93	1	
设备	车床配自定心卡盘	CK6140	1	
	卡盘扳手、刀架扳手	相应车床	1	
刀具	外圆车刀	35°	1	根据粗车、精车选择刀片
	切槽车刀	刀宽 3mm	1	
量具	外径千分尺	0～25mm	1	
	外径千分尺	25～50mm	1	
	带表游标卡尺	0～150mm	1	
	内径千分尺	5～25mm	1	
工具及其他	回转顶尖	60°	1	
	锉刀		1 套	
	铜片	0.1～0.3mm	若干	
	垫片		若干	根据工件尺寸需要
	夹紧工具		1 套	
	刷子		1	

续表

分类	名称	规格	数量	备注
工具及其他	油壶		1	
	清洗油		若干	
	垫刀片		若干	
	草稿纸		适量	
	计算器		1	
	工作服、工作帽、护目镜		1 套	

3. 加工工艺分析

多槽零件加工工艺卡如表 4-2-2 所示。

表 4-2-2 加工工艺卡（多槽零件）

序号	加工内容	刀具	转速/（r/min）		进给速度/（r/mm）	背吃刀量/mm		操作方法	程序号
装夹工件伸出 72mm									
1	车左端面	T0404	1000		0.08	0.5		自动	O0001
2	车外圆至ϕ50	T0101	粗	1000	0.2	粗	2	自动	O0002
			精	2000	0.07	精	0.5		
3	切槽	T0202	1000		0.1	粗	5	自动	O0003
掉头，装夹ϕ50 外圆，并找正									
4	车右端面	T0404	1000		0.08	0.5		自动	O0004
5	车外圆	T0101	粗	1000	0.2	粗	2	自动	O0005
			精	2000	0.08	精	0.5		

4. 加工程序

多槽零件加工程序如表 4-2-3 所示。

表 4-2-3 FANUC 系统加工程序（多槽零件）

程序段号	程序	程序说明
O0001		左端面加工程序
N10	G99G40M08	设置加工前准备参数
N20	M03S1000	
N30	T04042	
N40	G00X100Z200	
N50	G00X58Z2	刀具快速移动到循环起点

续表

程序段号	程序	程序说明
N60	G01Z0F0.08	左端面加工
N70	X-1	
N80	G00Z100	退刀至安全点，主轴停转，程序结束并返回
N90	X100	
N100	M09	
N110	M05	
N120	M30	
	O0002	外圆加工程序
N10	G99G40M08	设置加工前准备参数，并建立刀补
N20	M03S1000	
N30	T0101	
N40	G42G00X58Z10	
N50	G00X32Z2	刀具快速移动到循环起点
N60	G71U2R0.5	外圆粗车循环
N70	G71P80Q140X0.5Z0.05F0.2	
N80	G01Z1F0.2	外圆加工
N90	X34Z-1	
N100	Z-16	
N110	X50	
N120	Z-72	
N130	G00X100	刀具退至安全点，主轴停转，程序暂停
N140	Z100	
N150	M05	
N160	M00	
N170	M03S2000	设置精加工前准备参数
N180	T0101	
N190	G00X35Z2	
N200	G70P80Q140F0.07	外圆精加工
N210	G40G00X100	退刀至安全点，主轴停转，程序结束并返回
N220	Z100	
N230	M09	
N240	M05	
N250	M30	

续表

程序段号	程序	程序说明
O0003		槽加工程序
N10	G99G40M08	设置加工前准备参数
N20	M03S1000	
N30	T0202	
N40	G00X55Z-16	
N50	M98P1234L5	调用子程序
N60	G00X100	退刀至安全点，主轴停转，程序结束并返回
N70	Z100	
N80	M30	
	O1234	子程序
N10	W-9.5	槽加工
N20	G01X40.5F0.1	
N30	G00X55	
N40	W2	
N50	G01X40.5F0.1	
N60	G00X55	
N70	W0.5	
N80	G01X40F0.1	
N90	W-2.5	
N100	G00X55	
N110	W-0.5	
N120	G01X40F0.1	
N130	W0.5	
N140	G00X55	
N150	W-0.5	
N160	M99	返回主程序
O0004		右端面加工程序
N10	G99G40M08	设置加工前准备参数
N20	M03S1000	
N30	T0404	
N40	G00X100Z100	
N50	G00X55Z2	刀具快速移动到循环起点
N60	G01Z0F0.08	右端面加工
N70	X-1	

续表

程序段号	程序	程序说明
N80	G00Z100	退刀至安全点，主轴停转，程序结束并返回
N90	X100	
N100	M09	
N110	M05	
N120	M30	
O0005		外圆加工程序
N10	G99G40M08	设置加工前准备参数，并建立刀补
N20	M03S1000	
N30	T0101	
N40	G42G00X55Z10	
N50	G00X35Z2	刀具快速移动到循环起点
N60	G71U2R0.5	外圆粗车循环
N70	G71P80Q130X0.5Z0.05F0.2	
N80	G01X27Z1F0.2	外圆加工
N90	X29Z-1	
N100	Z-10	
N110	X40	
N120	Z-18	
N130	X52	
N140	G00X100	刀具退至安全点，主轴停转，程序暂停
N150	Z100	
N160	M05	
N170	M00	
N180	M03S2000	设置精加工前准备参数
N190	T0101	
N200	G00X55Z2	
N210	G70P80Q130F0.07	外轮廓精加工
N220	G40G00X100	退刀至安全点，主轴停转，程序结束并返回
N230	Z100	
N240	M09	
N250	M05	
N260	M30	

5. 评分标准

多槽零件加工实例评分表如表 4-2-4 所示。

表 4-2-4　评分表（多槽零件）

考核项目	序号	考核内容	评分标准	配分	检测结果	得分
工件质量	1	$\phi 50_{-0.03}^{0}$	每超差 0.01 扣 1 分	8		
	2	$\phi 34_{-0.050}^{-0.025}$	每超差 0.01 扣 1 分	8		
	3	88 ± 0.07	每超差 0.01 扣 1 分	6		
	4	$\phi 29_{-0.030}^{0}$	每超差 0.01 扣 1 分	6		
	5	$\phi 40_{-0.050}^{-0.025}$	每超差 0.02 扣 1 分	8		
	6	$18_{0}^{+0.03}$	每超差 0.02 扣 1 分	6		
	7	$16_{0}^{+0.027}$	每超差 0.02 扣 1 分	6		
	8	5～6	超差 0.1 全扣	5		
	9	4～6	超差 0.1 全扣	5		
	10	10	超差 0.1 全扣	5		
	11	倒角	每个不合格扣 1 分	6		
	12	表面粗糙度	*Ra*1.6 处每低一个等级扣 2 分，其余加工部位 30%不达要求扣 2 分，50%不达要求扣 3 分，75%不达要求扣 6 分	8		
工艺准备	13	工艺编制	酌情扣分	5		
	14	程序编写及输入	酌情扣分	5		
	15	切削三要素	酌情扣分	5		
安全文明生产	16	正确使用车床	酌情扣分	2		
	17	正确使用量具	酌情扣分	2		
	18	合理使用刀具	酌情扣分	2		
	19	设备维护保养	酌情扣分	2		
合计				100		
现场记录						

4.2.2　拓展与练习

对图 4-2-2 所示多槽零件（练习）编程，毛坯尺寸为$\phi 50 \times 70$的铝合金棒料，额定工时为 1h。

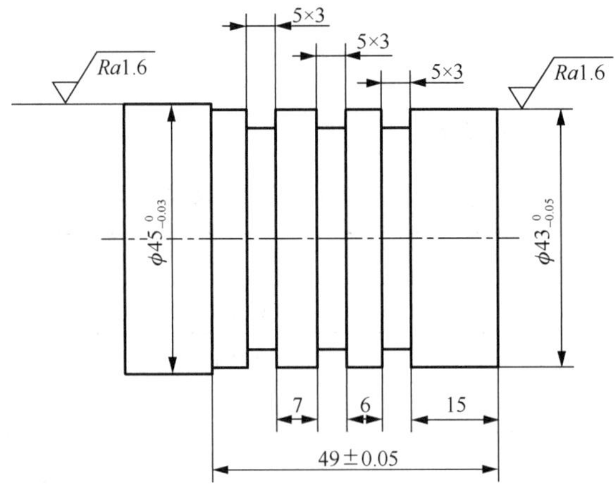

图 4-2-2 多槽零件（练习）图

4.3 端面槽零件加工实例

4.3.1 端面槽零件加工实例详解

1. 图样

端面槽加工实例图样如图 4-3-1 所示。

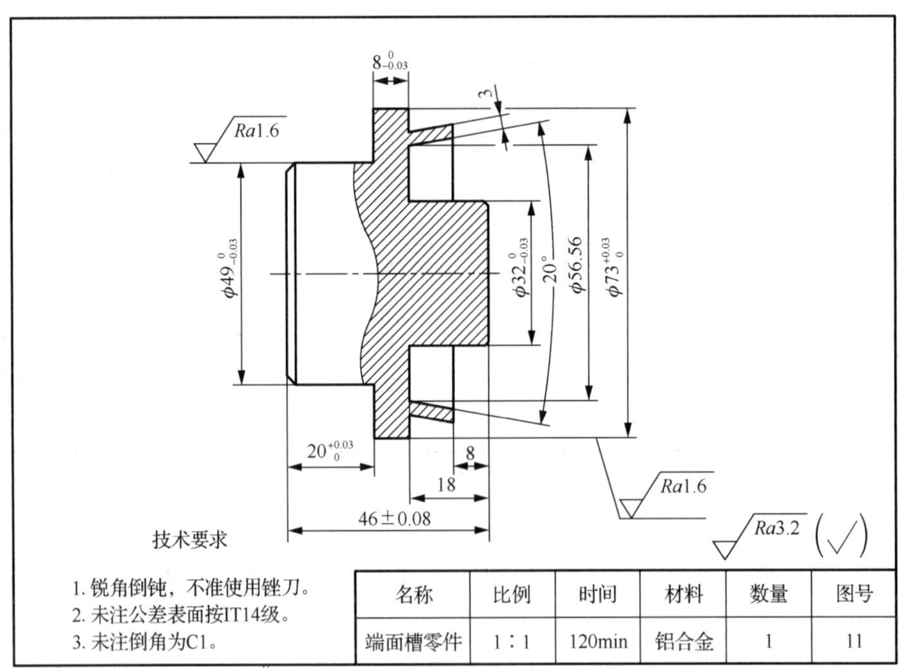

名称	比例	时间	材料	数量	图号
端面槽零件	1∶1	120min	铝合金	1	11

图 4-3-1 端面槽零件图样

2. 材料、工量具清单

加工端面槽零件所需材料、工量具清单如表 4-3-1 所示。

表 4-3-1　材料、工量具清单（端面槽零件）

分类	名称	规格	数量	备注
材料	铝合金（2A12）棒料	ϕ55×93	1	
设备	车床配自定心卡盘	CK6140	1	
	卡盘扳手、刀架扳手	相应车床	1	
刀具	外圆车刀	35°	1	根据粗精选择刀片
	切槽车刀	刀宽 3mm	1	
量具	外径千分尺	0～25mm	1	
	外径千分尺	25～50mm	1	
	带表游标卡尺	0～150mm	1	
	内径千分尺	5～25mm	1	
工具及其他	回转顶尖	60°	1	
	锉刀		1 套	
	铜片	0.1～0.3mm	若干	
	垫片		若干	根据工件尺寸需要
	夹紧工具		1 套	
	刷子		1	
	油壶		1	
	清洗油		若干	
	垫刀片		若干	
	草稿纸		适量	
	计算器		1	
	工作服、工作帽、护目镜		1 套	

3. 加工工艺分析

端面槽零件加工工艺分析如表 4-3-2 所示。

表 4-3-2　加工工艺卡（端面槽零件）

<table>
<tr><th>序号</th><th>加工内容</th><th>刀具</th><th colspan="2">转速/（r/min）</th><th>进给速度/（r/mm）</th><th colspan="2">背吃刀量/mm</th><th>操作方法</th><th>程序号</th></tr>
<tr><td colspan="10">装夹工件伸出 30mm</td></tr>
<tr><td>1</td><td>车左端面</td><td>T0404</td><td colspan="2">1000</td><td>0.08</td><td colspan="2">0.5</td><td>自动</td><td>O0001</td></tr>
<tr><td rowspan="2">2</td><td rowspan="2">车外圆至ϕ73</td><td rowspan="2">T0101</td><td>粗</td><td>1000</td><td>0.2</td><td>粗</td><td>2</td><td rowspan="2">自动</td><td rowspan="2">O0002</td></tr>
<tr><td>精</td><td>2000</td><td>0.07</td><td>精</td><td>0.5</td></tr>
</table>

续表

<table>
<tr><th>序号</th><th>加工内容</th><th>刀具</th><th colspan="2">转速/（r/min）</th><th>进给速度/（r/mm）</th><th colspan="2">背吃刀量/mm</th><th>操作方法</th><th>程序号</th></tr>
<tr><td colspan="10">掉头，装夹ϕ49 外圆，并找正</td></tr>
<tr><td>3</td><td>车右端面</td><td>T0404</td><td colspan="2">1000</td><td>0.08</td><td colspan="2">0.5</td><td>自动</td><td>O0003</td></tr>
<tr><td rowspan="2">4</td><td rowspan="2">车右端锥度及外圆</td><td rowspan="2">T0101</td><td>粗</td><td>1000</td><td>0.2</td><td>粗</td><td>2</td><td rowspan="2">自动</td><td rowspan="2">O0004</td></tr>
<tr><td>精</td><td>2000</td><td>0.08</td><td>精</td><td>0.5</td></tr>
<tr><td rowspan="2">5</td><td rowspan="2">车端面槽</td><td rowspan="2">T0202</td><td>粗</td><td>1000</td><td>0.13</td><td>粗</td><td>2</td><td>自动</td><td>O0005</td></tr>
<tr><td>精</td><td>1500</td><td>0.08</td><td>精</td><td>0.5</td><td>自动</td><td>O0006</td></tr>
</table>

4. 加工程序

端面槽零件加工程序如表 4-3-3 所示。

表 4-3-3 FANUC 系统加工程序（端面槽零件）

<table>
<tr><th>程序段号</th><th>程序</th><th>程序说明</th></tr>
<tr><td colspan="2">O0001</td><td>左端面加工程序</td></tr>
<tr><td>N10</td><td>G99G40M08</td><td rowspan="4">设置加工前准备参数</td></tr>
<tr><td>N20</td><td>M03S1000</td></tr>
<tr><td>N30</td><td>T0404</td></tr>
<tr><td>N40</td><td>G00X100Z200</td></tr>
<tr><td>N50</td><td>G00X78Z2</td><td>刀具快速移动到循环起点</td></tr>
<tr><td>N60</td><td>G01Z0F0.08</td><td rowspan="2">左端面加工</td></tr>
<tr><td>N70</td><td>X-1</td></tr>
<tr><td>N80</td><td>G00Z100</td><td rowspan="5">退刀至安全点，主轴停转，
程序结束并返回</td></tr>
<tr><td>N90</td><td>X100</td></tr>
<tr><td>N100</td><td>M09</td></tr>
<tr><td>N110</td><td>M05</td></tr>
<tr><td>N120</td><td>M30</td></tr>
<tr><td colspan="2">O0002</td><td>外轮廓（外圆ϕ73）加工程序</td></tr>
<tr><td>N10</td><td>G99G40M08</td><td rowspan="4">设置加工前准备参数，并建立刀补</td></tr>
<tr><td>N20</td><td>M03S1000</td></tr>
<tr><td>N30</td><td>T0101</td></tr>
<tr><td>N40</td><td>G42G00X35Z10</td></tr>
<tr><td>N50</td><td>G00X35Z2</td><td>刀具快速移动到循环起点</td></tr>
<tr><td>N60</td><td>G71U2R0.5</td><td rowspan="2">外轮廓粗车循环</td></tr>
<tr><td>N70</td><td>G71P80Q120X0.5Z0.05F0.2</td></tr>
</table>

续表

程序段号	程序	程序说明
N80	G00X47Z1	外轮廓加工
N90	G01X49Z-1F0.2	
N100	Z-20	
N110	X73,R1	
N120	Z-30	
N130	G00X100	刀具退至安全点，主轴停转，程序暂停
N140	Z100	
N150	M05	
N160	M00	
N170	M03S2000	设置精加工前准备参数
N180	T0101	
N190	G00X35Z2	
N200	G70P80Q120F0.07	外轮廓精加工
N210	G40G00X100	退刀至安全点，主轴停转，程序结束并返回
N220	Z100	
N230	M09	
N240	M05	
N250	M30	
O0003		右端面加工程序
N10	G99G40M08	设置加工前准备参数
N20	M03S1000	
N30	T0404	
N40	G00X100Z200	
N50	G00X78Z2	刀具快速移动到循环起点
N60	G01Z0F0.08	右端面加工
N70	X-1	
N80	G00Z100	退刀至安全点，主轴停转，程序结束并返回
N90	X100	
N100	M09	
N110	M05	
N120	M30	

续表

程序段号	程序	程序说明
O0004		外轮廓（右端锥度及外圆）加工程序
N10	G99G40M08	设置加工前准备参数，并建立刀补
N20	M03S1000	
N30	T0101	
N40	G42G00X35Z10	
N50	G00X35Z2	刀具快速移动到循环起点
N60	G71U2R0.5	外轮廓粗车循环
N70	G71P80Q140X0.5Z0.05F0.2	
N80	G00X31Z0.5	外轮廓加工
N90	G01X33Z-1F0.2	
N100	Z-8	
N110	X66	
N120	X59.5Z-18	
N130	X73,R1	
N140	Z-19	
N150	G00X100	刀具退至安全点，主轴停转，程序暂停
N160	Z100	
N170	M05	
N180	M00	
N190	M03S2000	设置精加工前准备参数
N200	T0101	
N210	G00X35Z2	
N220	G70P80Q140F0.07	外轮廓精加工
N230	G40G00X100	退刀至安全点，主轴停转，程序结束并返回
N240	Z100	
N250	M09	
N260	M05	
N270	M30	
O0005		端面槽粗加工程序
N10	G99G40M08	设置加工前准备参数
N20	M03S1000	
N30	T0202	
N40	G00X100Z100	
N50	G00X33Z-7	刀具快速移动到循环起点

续表

程序段号	程序	程序说明
N60	G01X33.5F0.13	端面槽粗加工
N70	Z-17.5	
N80	G00Z-7	
N90	X36	
N100	G01Z-17.5F0.13	
N110	G00Z-7	
N120	X38.5	
N130	G01Z-17.5F0.13	
N140	G00Z-7	
N150	X41	
N160	G01Z-17.5F0.13	
N170	G00Z-7	
N180	X43.5	
N190	G01Z-17.5F0.13	
N200	G00Z-7	
N210	X46	
N220	G01Z-17.5F0.13	
N230	G00Z-7	
N240	X48.5	
N250	G01Z-17.5F0.13	
N260	G00Z-7	
N270	X50	
N280	G01Z-17.5F0.13	
N290	G00Z-7	
N300	X53.5	
N310	G01X50Z-18F0.13	
N320	G00Z100	退刀至安全点，主轴停转，程序结束并返回
N330	X100	
N340	M09	
N350	M05	
N360	M30	
O0006		端面槽精加工程序
N10	G99G40M08	设置加工前准备参数，并建立刀补
N20	M03S1500	

续表

程序段号	程序	程序说明
N30	T0202	设置加工前准备参数，并建立刀补
N40	G00X100Z200	
N50	G41X31Z0.5	
N60	G00X54Z-7	刀具快速移动到循环起点
N70	G01Z-8F0.08	端面槽加工
N80	X50.56Z-18	
N90	X32.5	
N100	G00Z0.5	
N110	X31	
N120	G01X32Z-0.5F0.08	
N130	Z-18	
N140	X32.5	
N150	G00Z100	退刀至安全点，主轴停转，程序结束并返回
N160	X100	
N170	M09	
N180	M05	
N190	M30	

5. 评分标准

端面槽零件加工实例评分表如表 4-3-4 所示。

表 4-3-4 评分表（端面槽零件）

考核项目	序号	考核内容	评分标准	配分	检测结果	得分
工件质量	1	$\phi49_{-0.03}^{0}$	每超差 0.01 扣 1 分	10		
	2	$\phi73_{0}^{+0.03}$	超差 0.1 全扣	8		
	3	20°	超差 0.1 全扣	8		
	4	$\phi32_{-0.03}^{0}$	超差 0.1 全扣	8		
	5	$8_{-0.03}^{0}$	超差 0.1 全扣	8		
	6	$20_{0}^{+0.03}$	超差 0.1 全扣	8		
	7	8、18、3	不合格全扣	10		
	8	倒角	每个不合格扣 1 分	8		
	9	表面粗糙度	*Ra*1.6 处每低一个等级扣 2 分，其余加工部位 30%不达要求扣 2 分，50%不达要求扣 3 分，75%不达要求扣 6 分	9		

续表

考核项目	序号	考核内容	评分标准	配分	检测结果	得分
工艺准备	10	工艺编制	酌情扣分	5		
	11	程序编写及输入	酌情扣分	5		
	12	切削三要素	酌情扣分	5		
安全文明生产	13	正确使用车床	酌情扣分	2		
	14	正确使用量具	酌情扣分	2		
	15	合理使用刀具	酌情扣分	2		
	16	设备维护保养	酌情扣分	2		
合计				100		
现场记录						

4.3.2　拓展与练习

对图 4-3-2 所示端面槽零件（练习）编程，毛坯尺寸为ϕ60×25 的铝合金棒料，额定工时为 1.5h。

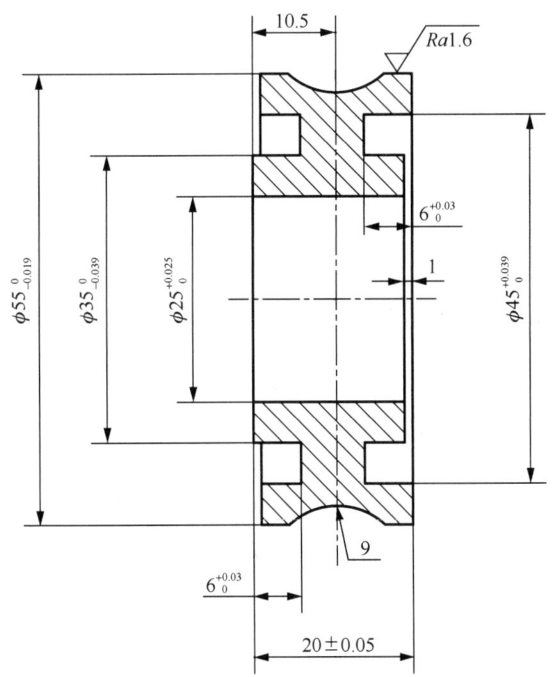

图 4-3-2　端面槽零件（练习）图

第 5 章　螺纹零件编程及加工实例详解

学习要点

1）掌握螺纹切削指令的格式和使用方法。

2）掌握螺纹的加工工艺与加工方法。

3）掌握车削螺纹时的进刀方法及切削余量的合理分配。

4）掌握对所完成的零件进行评价分析。

技能目标

1）能进行数控系统三把刀对刀操作。

2）在数控车床上熟练操作螺纹加工。

3）掌握螺纹的加工工艺与加工方法。

5.1　普通三角形螺纹零件加工实例

5.1.1　普通三角形螺纹零件加工实例详解

1. 图样

普通三角形螺纹零件加工实例图样如图 5-1-1 所示。

2. 材料、工量具清单

加工普通三角形螺纹零件所需材料、工量具清单如表 5-1-1 所示。

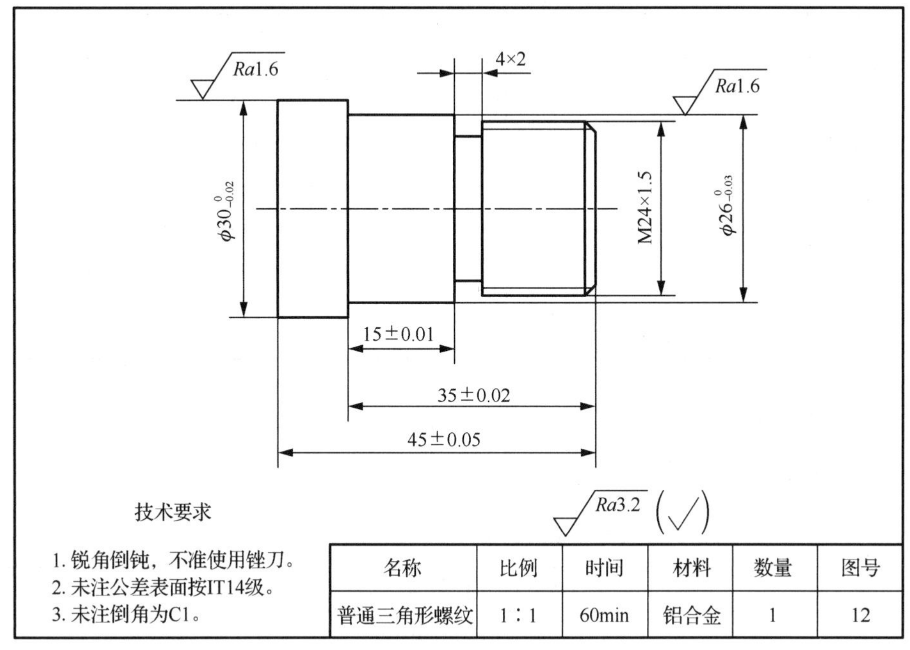

图 5-1-1　普通三角形螺纹零件图样

表 5-1-1　材料、工量具清单（普通三角形螺纹零件）

分类	名称	规格	数量	备注
材料	铝合金（2A12）棒料	ϕ50×52	1	
设备	车床配自定心卡盘	CK6140	1	
	卡盘扳手、刀架扳手	相应车床	1	
刀具	外圆车刀	35°	1	根据粗精选择刀片
	外圆螺纹刀		1	
	切槽车刀	刀宽 3mm	1	
量具	外径千分尺	0～25mm	1	
	外径千分尺	25～50mm	1	
	带表游标卡尺	0～150mm	1	
	内径千分尺	5～25mm	1	
工具及其他	回转顶尖	60°	1	
	锉刀		1 套	
	铜片	0.1～0.3mm	若干	
	垫片		若干	根据工件尺寸需要
	夹紧工具		1 套	

续表

分类	名称	规格	数量	备注
工具及其他	刷子		1	
	油壶		1	
	清洗油		若干	
	垫刀片		若干	
	草稿纸		适量	
	计算器		1	
	工作服、工作帽、护目镜		1套	

3. 加工工艺分析

普通三角形螺纹零件加工工艺卡如表5-1-2所示。

表5-1-2 加工工艺卡（普通三角形螺纹零件）

序号	加工内容	刀具	转速/（r/min）		进给速度/（r/mm）	背吃刀量/mm		操作方法	程序号
装夹工件伸出20mm									
1	车左端面	T0404	1000		0.08	0.5		自动	O0001
2	车外圆到ϕ30处	T0101	粗	1000	0.2	粗	0.2	自动	O0002
			精	2000	0.07	精	0.5		
掉头，装夹ϕ30外圆并找正									
3	车右端面	T0404	1000		0.08	0.5		自动	O0003
4	车外圆	T0101	粗	1000	0.2	粗	0.2	自动	O0004
			精	2000	0.07	精	0.5		
5	车退刀槽	T0202	1000		0.12	2		自动	O0005
6	车螺纹	T0404	800		1.5	0.3		自动	O0006

4. 加工程序

普通三角形螺纹零件加工程序如表5-1-3所示。

表5-1-3 FANUC系统加工程序（普通三角形螺纹零件）

程序段号	程序	程序说明
O0001		左端面加工程序
N10	G99G40M08	设置加工前准备参数
N20	M03S1000	
N30	T0404	
N40	G00X100Z200	

续表

程序段号	程序	程序说明
N50	G00X35Z2	刀具快速移动到循环起点
N60	G01Z0F0.08	左端面加工
N70	X-1	
N80	G00Z100	退刀至安全点，主轴停转，程序结束并返回
N90	X100	
N100	M09	
N110	M05	
N120	M30	
O0002		外轮廓（外圆ϕ30）加工程序
N10	G99G40M08	设置加工前准备参数，并建立刀补
N20	M03S1000	
N30	T0101	
N40	G42G00X35Z10	
N50	G00X35Z2	刀具快速移动到循环起点
N60	G71U2R0.5	外轮廓粗车循环
N70	G71P80Q110X0.5Z0.05F0.2	
N80	G01X30Z1F0.2	外轮廓加工
N90	Z-15	
N100	X35	
N110	G00X100	刀具退至安全点，主轴停转，程序暂停
N120	Z100	
N130	M05	
N140	M00	
N150	M03S2000	设置精加工前准备参数
N160	T0101	
N170	G00X35Z2	
N180	G70P80Q110F0.07	外轮廓精加工
N190	G40G00X100	退刀至安全点，主轴停转，程序结束并返回
N200	Z100	
N210	M09	
N220	M05	
N230	M30	

续表

程序段号	程序	程序说明
O0003		右端面加工程序
N10	G99G40M08	设置加工前准备参数
N20	M03S1000	
N30	T0404	
N40	G00X100Z200	
N50	G00X35Z2	刀具快速移动到循环起点
N60	G01Z0F0.08	右端面加工
N70	X-1	
N80	G00Z100	退刀至安全点，主轴停转，程序结束并返回
N90	X100	
N100	M09	
N110	M05	
N120	M30	
O0004		外轮廓（外圆ϕ26）加工程序
N10	G99G40M08	设置加工前准备参数，并建立刀补
N20	M03S1000	
N30	T0101	
N40	G42G00X35Z10	
N50	G00X35Z2	刀具快速移动到循环起点
N60	G71U2R0.5	外轮廓粗车循环
N70	G71P80Q140X0.5Z0.05F0.2	
N80	G01X18Z1.5F0.2	外轮廓加工
N90	X24Z-1.5	
N100	Z-19	
N110	X26	
N120	Z-35	
N130	X35	
N140	G00X100	刀具退至安全点，主轴停转，程序暂停
N150	Z100	
N160	M05	
N170	M00	

续表

程序段号	程序	程序说明
N180	M03S2000	设置精加工前准备参数
N190	T0101	
N200	G00X35Z2	
N210	G70P80Q140F0.07	外轮廓精加工
N220	G40G00X100	退刀至安全点，主轴停转，程序结束并返回
N230	Z100	
N240	M09	
N250	M05	
N260	M30	
O0005		槽加工程序
N10	G99G40M08	设置加工前准备参数
N20	M03S1000	
N30	T0202	
N40	G00X100Z200	
N50	G00X28	刀具快速移动到循环起点
N60	Z-19.5	槽加工
N70	G01X20.5F0.12	
N80	G00X28	
N90	Z-19	
N100	G01X20F0.12	
N110	Z-19.5	
N120	G00X28	
N130	Z-20	
N140	G01X20F0.12	
N150	Z-19.5	
N160	G00X100	退刀至安全点，主轴停转，程序结束并返回
N170	Z100	
N180	M09	
N190	M05	
N200	M30	
O0006		螺纹加工程序
N10	G99G40M08	设置加工前准备参数

续表

程序段号	程序	程序说明
N20	M03S800	设置加工前准备参数
N30	T0404	
N40	G00X100Z200	
N50	G00X25Z2	刀具快速移动到循环起点
N60	G92X23.85Z-19F1.5	螺纹加工
N70	X23.55	
N80	X23.25	
N90	X22.95	
N100	X22.65	
N110	X22.35	
N120	X22.05	
N130	X21.975	
N140	X21.975	
N150	G00X100	退刀至安全点，主轴停转，程序结束并返回
N160	Z200	
N170	M09	
N180	M05	
N190	M30	

5. 评分标准

普通三角形螺纹零件加工实例评分表如表 5-1-4 所示。

表 5-1-4　评分表（普通三角形螺纹零件）

考核项目	序号	考核内容	评分标准	配分	检测结果	得分
工件质量	1	$\phi30^{+0}_{-0.02}$	每超差 0.01 扣 1 分	10		
	2	$\phi26^{0}_{-0.03}$	每超差 0.01 扣 1 分	10		
	3	4×2	每超差 0.01 扣 1 分	8		
	4	35±0.02	每超差 0.01 扣 1 分	8		
	5	15+0.01	超差 0.1 全扣	8		
	6	45±0.05	超差 0.1 全扣	8		
	7	M24×1.5	不合格全扣	7		

续表

考核项目	序号	考核内容	评分标准	配分	检测结果	得分
工件质量	8	倒角	每个不合格扣 1 分	7		
	9	表面粗糙度	*Ra*1.6 处每低一个等级扣 2 分，其余加工部位 30%不达要求扣 2 分，50%不达要求扣 3 分，75%不达要求扣 6 分	8		
工艺准备	10	工艺编制	酌情扣分	6		
	11	程序编写及输入	酌情扣分	6		
	12	切削三要素	酌情扣分	6		
安全文明生产	13	正确使用车床	酌情扣分	2		
	14	正确使用量具	酌情扣分	2		
	15	合理使用刀具	酌情扣分	2		
	16	设备维护保养	酌情扣分	2		
合计				100		
现场记录						

5.1.2　拓展与练习

对图 5-1-2 所示内螺纹零件编程，毛坯尺寸为ϕ60×50 的铝合金棒料，额定工时为 1h。

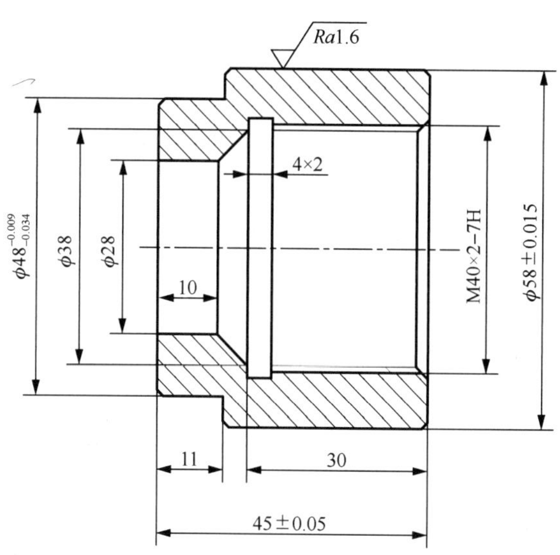

图 5-1-2　内螺纹零件图

5.2 圆锥螺纹零件加工实例

5.2.1 圆锥螺纹零件加工实例详解

1. 图样

圆锥外螺纹零件加工实例图样如图 5-2-1 所示。

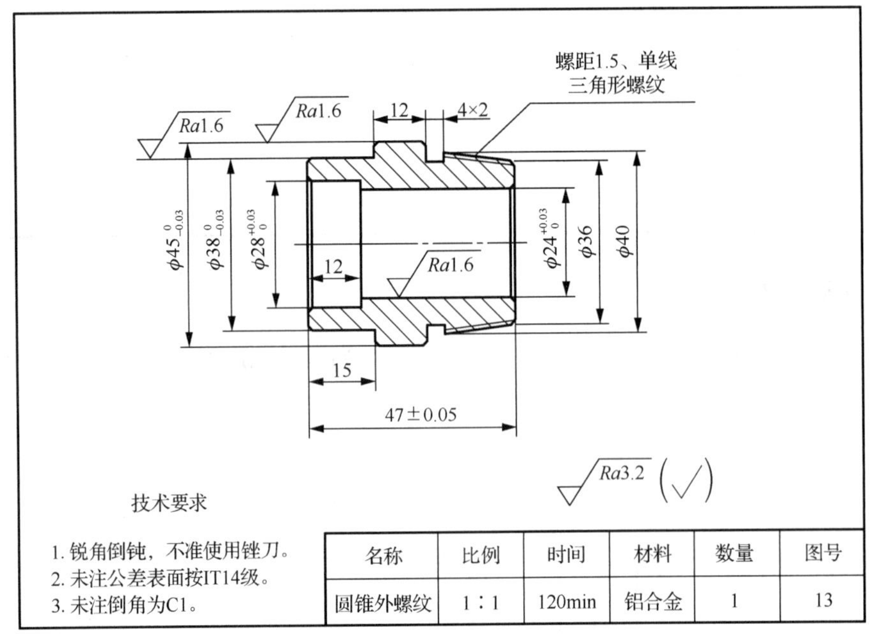

名称	比例	时间	材料	数量	图号
圆锥外螺纹	1∶1	120min	铝合金	1	13

图 5-2-1　圆锥外螺纹零件图样

2. 材料、工量具清单

加工圆锥外螺纹零件所需材料、工量具清单如表 5-2-1 所示。

表 5-2-1　材料、工量具清单（圆锥外螺纹零件）

分类	名称	规格	数量	备注
材料	铝合金（2A12）棒料	ϕ50×52	1	
设备	车床配自定心卡盘	CK6140	1	
	卡盘扳手、刀架扳手	相应车床	1	

续表

分类	名称	规格	数量	备注
刀具	外圆车刀	35°	1	根据粗车、精车选择刀片
	外圆螺纹刀	三角形螺纹刀	1	
	切槽车刀	刀宽 3mm	1	
量具	外径千分尺	0～25mm	1	
	外径千分尺	25～50mm	1	
	带表游标卡尺	0～150mm	1	
	内径千分尺	5～25mm	1	
工具及其他	回转顶尖	60°	1	
	锉刀		1 套	
	铜片	0.1～0.3mm	若干	
	垫片		若干	根据工件尺寸需要
	夹紧工具		1 套	
	刷子		1	
	油壶		1	
	清洗油		若干	
	垫刀片		若干	
	草稿纸		适量	
	计算器		1	
	工作服、工作帽、护目镜		1 套	

3. 加工工艺分析

圆锥外螺纹零件加工工艺卡如表 5-2-2 所示。

表 5-2-2　加工工艺卡（圆锥外螺纹零件）

序号	加工内容	刀具	转速/（r/min）		进给速度/（r/mm）	背吃刀量/mm		操作方法	程序号
装夹工件伸出 50mm									
1	车左端面	T0404	1000		0.08	0.5		自动	O0001
2	车外圆到ϕ45 处	T0101	粗	1000	0.2	粗	2	自动	O0002
			精	2000	0.07	精	0.5		
3	钻孔	T0505	800		0.12	10		自动	O0003
4	车内孔	T0303	粗	1000	0.2	粗	2	自动	O0004
			精	1500	0.07	精	0.5		

续表

<table>
<tr><th>序号</th><th>加工内容</th><th>刀具</th><th colspan="2">转速/（r/min）</th><th>进给速度/（r/mm）</th><th colspan="2">背吃刀量/mm</th><th>操作方法</th><th>程序号</th></tr>
<tr><td colspan="10">掉头，装夹ϕ38 外圆并找正</td></tr>
<tr><td>5</td><td>车右端面</td><td>T0404</td><td colspan="2">1000</td><td>80</td><td colspan="2">0.5</td><td>自动</td><td>O0005</td></tr>
<tr><td rowspan="2">6</td><td rowspan="2">车右端锥度及外圆</td><td rowspan="2">T0101</td><td>粗</td><td>1000</td><td>0.2</td><td>粗</td><td>2</td><td rowspan="2">自动</td><td rowspan="2">O0006</td></tr>
<tr><td>精</td><td>2000</td><td>0.07</td><td>精</td><td>0.5</td></tr>
<tr><td>7</td><td>车退刀槽</td><td>T0202</td><td colspan="2">1000</td><td>0.12</td><td colspan="2">2</td><td>自动</td><td>O0007</td></tr>
<tr><td>8</td><td>车螺纹</td><td>T0404</td><td colspan="2">500</td><td>0.12</td><td colspan="2">10</td><td>自动</td><td>O0008</td></tr>
</table>

4. 加工程序

圆锥外螺纹零件加工程序如表 5-2-3 所示。

表 5-2-3 FANUC 系统加工程序（圆锥外螺纹零件）

<table>
<tr><th>程序段号</th><th>程序</th><th>程序说明</th></tr>
<tr><td colspan="2">O0001</td><td>左端面加工程序</td></tr>
<tr><td>N10</td><td>G99G40M08</td><td rowspan="4">设置加工前准备参数</td></tr>
<tr><td>N20</td><td>M03S1000</td></tr>
<tr><td>N30</td><td>T0404</td></tr>
<tr><td>N40</td><td>G00X100Z200</td></tr>
<tr><td>N50</td><td>G00X53Z2</td><td>刀具快速移动到循环起点</td></tr>
<tr><td>N60</td><td>G01Z0F0.08</td><td rowspan="2">左端面加工</td></tr>
<tr><td>N70</td><td>X-1</td></tr>
<tr><td>N80</td><td>G00Z100</td><td rowspan="5">退刀至安全点，主轴停转，
程序结束并返回</td></tr>
<tr><td>N90</td><td>X100</td></tr>
<tr><td>N100</td><td>M09</td></tr>
<tr><td>N110</td><td>M05</td></tr>
<tr><td>N120</td><td>M30</td></tr>
<tr><td colspan="2">O0002</td><td>外轮廓（外圆ϕ45）加工程序</td></tr>
<tr><td>N10</td><td>G99G40M08</td><td rowspan="4">设置加工前准备参数，并建立刀补</td></tr>
<tr><td>N20</td><td>M03S1000</td></tr>
<tr><td>N30</td><td>T0101</td></tr>
<tr><td>N40</td><td>G42G00X50Z10</td></tr>
<tr><td>N50</td><td>G00X38Z2</td><td>刀具快速移动到循环起点</td></tr>
</table>

续表

程序段号	程序	程序说明
N60	G71U2R0.5	外轮廓粗车循环
N70	G71P80Q110X0.5Z0.05F0.2	
N80	G01X38Z1F0.2	外轮廓加工
N90	Z-15	
N100	X45,C1	
N110	Z-28	
N120	G00X100	刀具退至安全点，主轴停转，程序暂停
N130	Z100	
N140	M05	
N150	M00	
N160	M03S2000	设置精加工前准备参数
N170	T0101	
N180	G00X35Z2	
N190	G70P80Q110F0.07	外轮廓精加工
N200	G40G00X100	退刀至安全点，主轴停转，程序结束并返回
N210	Z100	
N220	M09	
N230	M05	
N240	M30	
O0003		钻孔加工说明
N10	G99G40M08	设置加工前准备参数
N20	M03S800	
N30	T0505	
N40	G00X100Z100	
N50	G00X0	刀具快速移动到循环起点
N60	Z2	
N70	G01Z-40F0.12	钻孔加工
N80	G00Z100	退刀至安全点，主轴停转，程序结束并返回
N90	X100	
N100	M09	
N110	M00	
N120	M30	

续表

程序段号	程序	程序说明
	O0004	内孔加工程序
N10	G99G40M08	设置加工前准备参数，并建立刀补
N20	M03S1000	
N30	T0303	
N40	G42G00X50Z10	
N50	G00X19Z2	刀具快速移动到循环起点
N60	G71U2R0.5	内孔粗车循环
N70	G71P80Q120X-0.5Z0.05F0.2	
N80	G01X30Z1F0.3	内孔加工
N90	X28Z-1	
N100	Z-12	
N110	X24	
N120	Z-48	
N130	G00Z100	刀具退至安全点，主轴停转，程序暂停
N140	X100	
N150	M05	
N160	M00	
N170	M03S1500	设置精加工前准备参数
N180	T0303	
N190	G00X19Z2	
N200	G70P80Q120F0.07	内孔精加工
N210	G40G00X18	退刀至安全点，主轴停转，程序结束并返回
N220	Z100	
N230	X100	
N240	M09	
N250	M05	
N260	M30	
	O0005	右端面加工程序
N10	G99G40M08	设置加工前准备参数
N20	M03S1000	
N30	T0404	
N40	G00X100Z200	

续表

程序段号	程序	程序说明
N50	G00X35Z2	刀具快速移动到循环起点
N60	G01Z0F0.08	右端面加工
N70	X-1	
N80	G00Z100	退刀至安全点，主轴停转，程序结束并返回
N90	X100	
N100	M09	
N110	M05	
N120	M30	
O0006		外轮廓（右端锥度及外圆）加工程序
N10	G99G40M08	设置加工前准备参数，并建立刀补
N20	M03S1000	
N30	T0101	
N40	G42G00X35Z10	
N50	G00X35Z2	刀具快速移动到循环起点
N60	G71U2R0.5	外轮廓粗车循环
N70	G71P80Q130X0.5Z0.05F0.2	
N80	G1X36Z1F0.2	外轮廓加工
N90	X36Z0	
N100	X40Z-16	
N110	Z-18.5	
N120	X47Z-22	
N130	X50	
N140	G00X100	刀具退至安全点，主轴停转，程序暂停
N150	Z100	
N160	M05	
N170	M00	
N180	M03S2000	设置精加工前准备参数
N190	T0101	
N200	G00X35Z2	
N210	G70P80Q130F0.07	外轮廓精加工
N220	G40G00X100	退刀至安全点，主轴停转，程序结束并返回
N230	Z100	

续表

程序段号	程序	程序说明
N240	M09	退刀至安全点，主轴停转，程序结束并返回
N250	M05	
N260	M30	
O0007		槽加工程序
N10	G99G40M08	设置加工前准备参数
N20	M03S1000	
N30	T0202	
N40	G00X100Z200	
N50	G00X47	刀具快速移动到循环起点
N60	Z-19.5	槽加工
N70	G01X36.5F0.12	
N80	G00X47	
N90	Z-19	
N100	G01X36F0.12	
N110	Z-19.5	
N120	G00X47	
N130	Z-20	
N140	G01X36F0.12	
N150	Z-19.5	
N160	G00X100	退刀至安全点，主轴停转，程序结束并返回
N170	Z100	
N180	M09	
N190	M05	
N200	M30	
O0008		螺纹加工程序
N10	M03S500	
N20	T0404	
N30	G00X100Z200	
N40	G00X33.74Z5	刀具快速移动到循环起点
N50	G92X39.5Z-18R1.07F1.5	螺纹加工
N60	X39.1	
N70	Z38.7	

续表

程序段号	程序	程序说明
N80	X38.3	螺纹加工
N90	X38.1	
N100	X38.05	
N110	G00X100	退刀至安全点，主轴停转，程序结束并返回
N120	Z200	
N130	M09	
N140	M05	
N150	M30	

5. 评分标准

圆锥外螺纹零件加工实例评分表如表 5-2-4 所示。

表 5-2-4　评分表（圆锥外螺纹零件）

考核项目	序号	考核内容	评分标准	配分	检测结果	得分
工件质量	1	$\phi45_{-0.03}^{0}$	每超差 0.01 扣 1 分	6		
	2	$\phi38_{-0.03}^{0}$	每超差 0.01 扣 1 分	6		
	3	$\phi28_{0}^{+0.03}$	每超差 0.01 扣 1 分	6		
	4	$\phi24_{0}^{+0.03}$	每超差 0.01 扣 1 分	6		
	5	$\phi36$ 、$\phi40$	每超差 0.01 扣 1 分	6		
	6	12、15	每超差 0.01 扣 1 分	6		
	7	47 ± 0.05	每超差 0.02 扣 1 分	6		
	8	4×2	不合格全扣	6		
	9	螺纹	超差 0.1 全扣	8		
	10	12	超差 0.1 全扣	6		
	11	倒角	每个不合格扣 3 分	9		
	12	表面粗糙度	*Ra*1.6 处每低一个等级扣 2 分，其余加工部位 30%不达要求扣 2 分，50%不达要求扣 3 分，75%不达要求扣 6 分	6		
工艺准备	13	工艺编制	酌情扣分	5		
	14	程序编写及输入	酌情扣分	5		
	15	切削三要素	酌情扣分	5		

续表

考核项目	序号	考核内容	评分标准	配分	检测结果	得分
安全文明生产	16	正确使用车床	酌情扣分	2		
	17	正确使用量具	酌情扣分	2		
	18	合理使用刀具	酌情扣分	2		
	19	设备维护保养	酌情扣分	2		
合计				100		
现场记录						

5.2.2 拓展与练习

对图 5-2-2 所示圆锥内螺纹零件编程，毛坯尺寸为$\phi 60\times 45$的铝合金棒料，额定工时为 1.5h。

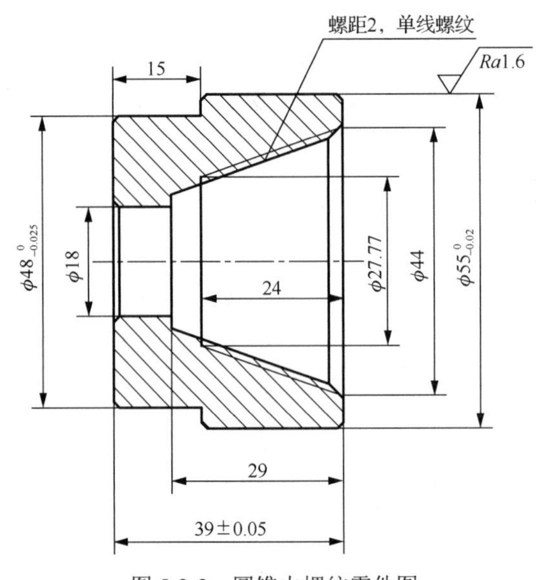

图 5-2-2 圆锥内螺纹零件图

5.3 梯形螺纹零件加工实例

5.3.1 梯形螺纹零件加工实例详解

1. 图样

梯形螺纹零件加工实例图样如图 5-3-1 所示。

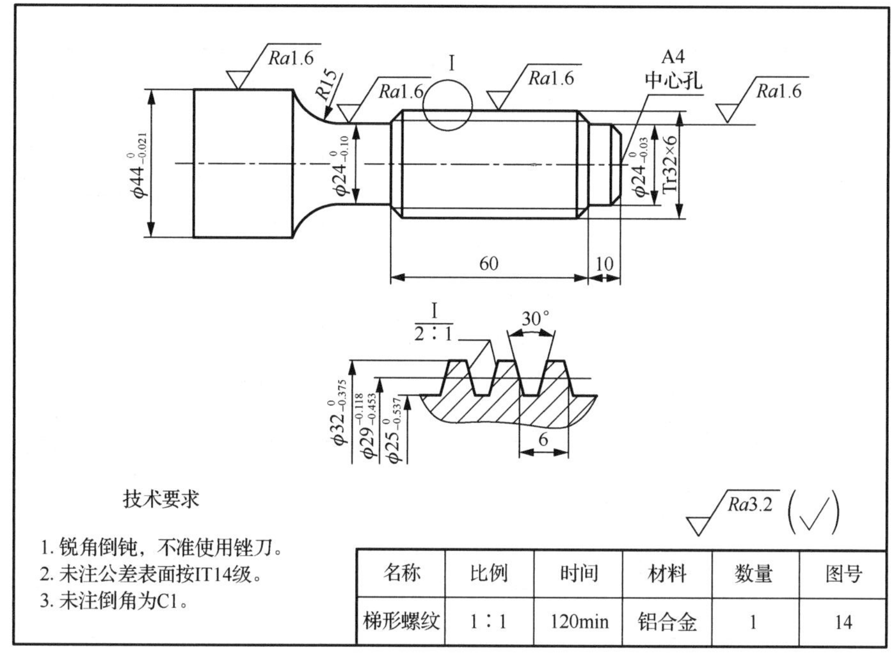

图 5-3-1　梯形螺纹零件图样

2. 材料、工量具清单

加工梯形螺纹零件所需材料、工量具清单如表 5-3-1 所示。

表 5-3-1　材料、工量具清单（梯形螺纹零件）

分类	名称	规格	数量	备注
材料	铝合金（2A12）棒料	ϕ45×135	1	
设备	车床配自定心卡盘	CK6140	1	
	卡盘扳手、刀架扳手	相应车床	1	
刀具	外圆车刀	35°	1	根据粗车、精车选择刀片
	外圆螺纹刀	梯形螺纹刀		
	切槽车刀	刀宽 3mm	1	
量具	外径千分尺	0～25mm	1	
	外径千分尺	25～50mm	1	
	带表游标卡尺	0～150mm	1	

续表

分类	名称	规格	数量	备注
工具及其他	回转顶尖	60°	1	
	锉刀		1套	
	铜片	0.1～0.3mm	若干	
	垫片		若干	根据工件尺寸需要
	夹紧工具		1套	
	刷子		1	
	油壶		1	
	清洗油		若干	
	垫刀片		若干	
	草稿纸		适量	
	计算器		1	
	工作服、工作帽、护目镜		1套	

3. 加工工艺分析

梯形螺纹零件加工工艺卡如表5-3-2所示。

表5-3-2 加工工艺卡（梯形螺纹零件）

<table>
<tr><th>序号</th><th>加工内容</th><th>刀具</th><th colspan="2">转速/（r/min）</th><th>进给速度/（r/mm）</th><th colspan="2">背吃刀量/mm</th><th>操作方法</th><th>程序号</th></tr>
<tr><td colspan="10">装夹工件伸出40mm</td></tr>
<tr><td>1</td><td>车左端面</td><td>T0404</td><td colspan="2">1000</td><td>0.08</td><td colspan="2">0.5</td><td>自动</td><td>O0001</td></tr>
<tr><td rowspan="2">2</td><td rowspan="2">车外圆到ϕ44处</td><td rowspan="2">T0101</td><td>粗</td><td>1000</td><td>0.2</td><td>粗</td><td>2</td><td rowspan="2">自动</td><td rowspan="2">O0002</td></tr>
<tr><td>精</td><td>2000</td><td>0.07</td><td>精</td><td>0.5</td></tr>
<tr><td colspan="10">装夹ϕ44外圆，并找正</td></tr>
<tr><td>3</td><td>车右端面</td><td>T0404</td><td colspan="2">1000</td><td>0.08</td><td colspan="2">0.5</td><td>自动</td><td>O0003</td></tr>
<tr><td rowspan="2">4</td><td rowspan="2">车右端外圆</td><td rowspan="2">T0101</td><td>粗</td><td>1000</td><td>0.2</td><td>粗</td><td>2</td><td rowspan="2">自动</td><td rowspan="2">O0004</td></tr>
<tr><td>精</td><td>2000</td><td>0.07</td><td>精</td><td>0.5</td></tr>
<tr><td>5</td><td>车螺纹</td><td>T0404</td><td colspan="2">800</td><td>0.12</td><td colspan="2">10</td><td>自动</td><td>O0005</td></tr>
</table>

4. 加工程序

梯形螺纹零件加工程序如表5-3-3所示。

表 5-3-3　FANUC 系统加工程序（梯形螺纹零件）

程序段号	程序	程序说明
O0001		左端面加工程序
N10	G99G40M08	设置加工前准备参数
N20	M03S1000	
N30	T0404	
N40	G00X100Z200	
N50	G00X35Z2	刀具快速移动到循环起点
N60	G01Z0F0.08	左端面加工
N70	X-1	
N80	G00Z100	退刀至安全点，主轴停转，程序结束并返回
N90	X100	
N100	M09	
N110	M05	
N120	M30	
O0002		外轮廓（外圆 ϕ44）加工程序
N10	G99G40M08	设置加工前准备参数，并建立刀补
N20	M03S1000	
N30	T0101	
N40	G42G00X35Z10	
N50	G00X35Z2	刀具快速移动到循环起点
N60	G71U2R0.5	外轮廓粗车循环
N70	G71P80Q110X0.5Z0.05F0.2	
N80	G01X44Z1F0.2	外轮廓加工
N90	Z-33	
N100	G00X100	刀具退至安全点，主轴停转，程序暂停
N110	Z100	
N120	M05	
N130	M00	
N140	M03S2000	设置精加工前准备参数
N150	T0101	
N160	G00X35Z2	

续表

程序段号	程序	程序说明
N170	G70P80Q110F0.07	外轮廓精加工
N180	G40G00X100	退刀至安全点，主轴停转，程序结束并返回
N190	Z100	
N200	M09	
N210	M05	
N220	M30	
O0003		右端面加工程序
N10	G99G40M08	设置加工前准备参数
N20	M03S1000	
N30	T0404	
N40	G00X100Z200	
N50	G00X52Z2	刀具快速移动到循环起点
N60	G01Z0F0.08	右端面加工
N70	X-1	
N80	G00Z100	退刀至安全点，主轴停转，程序结束并返回
N90	X100	
N100	M09	
N110	M05	
N120	M30	
O0004		外轮廓（右端外圆）加工程序
N10	G99G40M08	设置加工前准备参数，并建立刀补
N20	M03S1000	
N30	T0101	
N40	G42G00X35Z10	
N50	G00X35Z2	刀具快速移动到循环起点
N60	G71U2R0.5	外轮廓粗车循环
N70	G71P80Q150X0.5Z0.05F0.2	
N80	G01X18Z3F0.2	外轮廓加工
N90	X24Z-3	
N100	Z-10	
N110	X32,C3.5	

续表

程序段号	程序	程序说明
N120	Z-57	外轮廓加工
N130	X24Z-60	
N140	Z100,R15	
N150	X50	
N160	G00X100	刀具退至安全点，主轴停转，程序暂停
N170	Z100	
N180	M05	
N190	M00	
N200	M03S2000	设置精加工前准备参数
N210	T0101	
N220	G00X35Z2	
N230	G70P80Q150F0.07	外轮廓精加工
N240	G40G00X100	退刀至安全点，主轴停转，程序结束并返回
N250	Z100	
N260	M09	
N270	M05	
N280	M30	
O0005		螺纹加工程序
N10	M03S500	
N20	T0404	
N30	G00X100Z200	
N40	G00X35Z6	刀具快速移动到循环起点
N50	G76P020040Q100R0.04	螺纹加工
N60	G76X25Z-66P3500Q200F6	
N70	G00X100	退刀至安全点，主轴停转，程序结束并返回
N80	Z200	
N90	M09	
N100	M05	
N110	M30	

5. 评分标准

梯形螺纹零件加工实例评分标准如表 5-3-4 所示。

表 5-3-4 评分表（梯形螺纹零件）

考核项目	序号	考核内容	评分标准	配分	检测结果	得分
工件质量	1	$\phi44_{-0.021}^{0}$	每超差 0.01 扣 1 分	6		
	2	$\phi24_{-0.10}^{0}$	每超差 0.01 扣 1 分	6		
	3	$\phi24_{-0.03}^{0}$	每超差 0.01 扣 1 分	6		
	4	$R15$	每超差 0.01 扣 1 分	6		
	5	60、10	每超差 0.01 扣 1 分	5		
	6	6	每超差 0.02 扣 1 分	5		
	7	$\phi32_{-0.375}^{0}$	每超差 0.02 扣 1 分	5		
	8	$\phi29_{-0.453}^{-0.118}$	每超差 0.02 扣 1 分	5		
	9	30°	不合格全扣	8		
	10	$\phi25_{-0.537}^{0}$	超差 0.1 全扣	5		
	11	倒角	每个不合格扣 1 分	6		
	12	梯形螺纹	不合格全扣	8		
	13	表面粗糙度	$Ra1.6$ 处每低一个等级扣 2 分，其余加工部位 30%不达要求扣 2 分，50%不达要求扣 3 分，75%不达要求扣 6 分	6		
工艺准备	14	工艺编制	酌情扣分	5		
	15	程序编写及输入	酌情扣分	5		
	16	切削三要素	酌情扣分	5		
安全文明生产	17	正确使用车床	酌情扣分	2		
	18	正确使用量具	酌情扣分	2		
	19	合理使用刀具	酌情扣分	2		
	20	设备维护保养	酌情扣分	2		
合计				100		
现场记录						

5.3.2 拓展与练习

对图 5-3-2 所示 Tr32×6-8H 梯形内螺纹零件编程，额定工时为 1.5h。

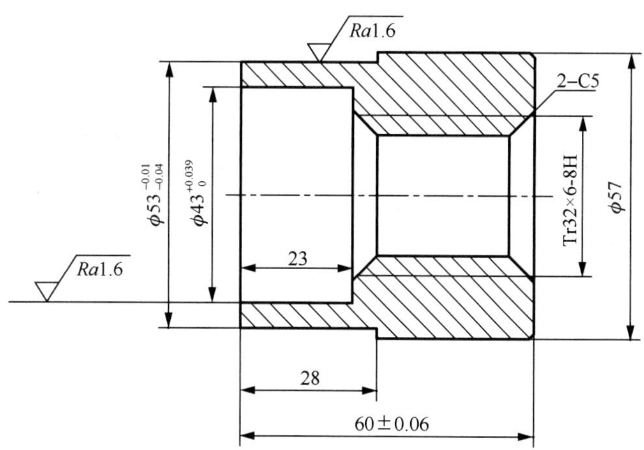

图 5-3-2　梯形内螺纹零件图

第6章 宏程序编程及加工实例详解

学习要点

1）掌握运用变量编写异形曲线零件的数控加工程序。

2）掌握多种数控系统编写宏程序的指令。

3）掌握异形曲线零件的进刀方法及切削余量的合理分配。

4）掌握对所完成的零件进行评价及超差原因分析。

技能目标

1）能在数控车床上加工异形曲线零件。

2）掌握异形曲线零件的加工工艺与加工方法。

6.1 椭圆轴零件加工实例

6.1.1 椭圆轴零件加工实例详解

1. 图样

椭圆轴零件加工实例图样如图 6-1-1 所示。

2. 材料、工量具清单

加工椭圆轴零件所需材料、工量具清单如表 6-1-1 所示。

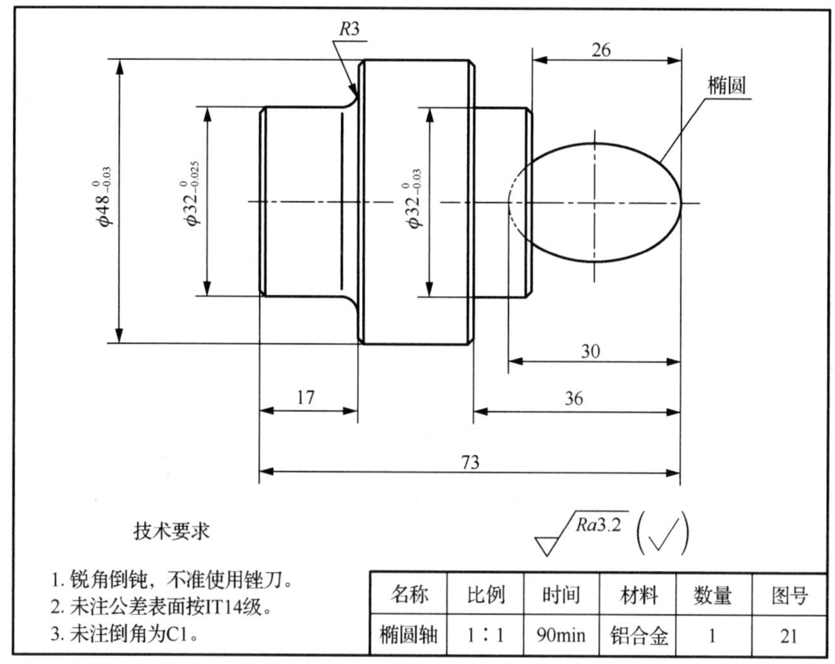

图 6-1-1　椭圆轴零件图样

表 6-1-1　材料、工量具清单（椭圆轴零件）

分类	名称	规格	数量	备注
材料	铝合金（2A12）棒料	ϕ50×77	1	
设备	车床配自定心卡盘	CK6140	1	
	卡盘扳手、刀架扳手	相应车床	1	
刀具	外圆车刀	35°	1	根据粗车、精车选择刀片
量具	外径千分尺	0～25mm	1	
	外径千分尺	25～50mm	1	
	带表游标卡尺	0～150mm	1	
工具及其他	回转顶尖	60°	1	
	锉刀		1 套	
	铜片	0.1～0.3mm	若干	
	垫片		若干	根据工件尺寸需要
	夹紧工具		1 套	
	刷子		1	
	油壶		1	

续表

分类	名称	规格	数量	备注
工具及其他	清洗油		若干	
	垫刀片		若干	
	草稿纸		适量	
	计算器		1	
	工作服、工作帽、护目镜		1套	

3. 加工工艺分析

椭圆轴零件加工工艺卡如表 6-1-2 所示。

表 6-1-2　加工工艺卡（椭圆轴零件）

<table>
<tr><th>序号</th><th>加工内容</th><th>刀具</th><th colspan="2">转速/（r/min）</th><th>进给速度/（r/mm）</th><th colspan="2">背吃刀量/mm</th><th>操作方法</th><th>程序号</th></tr>
<tr><td colspan="10">装夹工件伸出 20mm</td></tr>
<tr><td>1</td><td>车左端面</td><td>T0404</td><td colspan="2">1000</td><td>0.08</td><td colspan="2">0.5</td><td>自动</td><td>O0001</td></tr>
<tr><td rowspan="2">2</td><td rowspan="2">车外圆到ϕ48 处</td><td rowspan="2">T0101</td><td>粗</td><td>1000</td><td>0.2</td><td>粗</td><td>2</td><td rowspan="2">自动</td><td rowspan="2">O0002</td></tr>
<tr><td>精</td><td>2000</td><td>0.07</td><td>精</td><td>0.5</td></tr>
<tr><td colspan="10">掉头，装夹ϕ48 外圆并找正</td></tr>
<tr><td>3</td><td>车右端面</td><td>T0404</td><td colspan="2">1000</td><td>0.08</td><td colspan="2">0.5</td><td>自动</td><td>O0003</td></tr>
<tr><td rowspan="2">4</td><td rowspan="2">车右外面</td><td rowspan="2">T0101</td><td>粗</td><td>1000</td><td>0.2</td><td>粗</td><td>2</td><td rowspan="2">自动</td><td rowspan="2">O0004</td></tr>
<tr><td>精</td><td>2000</td><td>0.07</td><td>精</td><td>0.5</td></tr>
</table>

4. 加工程序

椭圆轴零件加工程序如表 6-1-3 所示。

表 6-1-3　FANUC 系统加工程序（椭圆轴零件）

<table>
<tr><th>程序段号</th><th>程序</th><th>程序说明</th></tr>
<tr><td colspan="2">O0001</td><td>左端面加工程序</td></tr>
<tr><td>N10</td><td>G99G40M08</td><td rowspan="4">设置加工前准备参数</td></tr>
<tr><td>N20</td><td>M03S1000</td></tr>
<tr><td>N30</td><td>T0404</td></tr>
<tr><td>N40</td><td>G00X100Z200</td></tr>
<tr><td>N50</td><td>G00X53Z2</td><td>刀具快速移动到循环起点</td></tr>
<tr><td>N60</td><td>G01Z0F0.08</td><td rowspan="2">左端面加工</td></tr>
<tr><td>N70</td><td>X-1</td></tr>
</table>

续表

程序段号	程序	程序说明
N80	G00Z100	退刀至安全点，主轴停转，程序结束并返回
N90	X100	
N100	M09	
N110	M05	
N120	M30	
O0002		外轮廓（ϕ48）加工程序
N10	G99G40M08	设置加工前准备参数，并建立刀补
N20	M03S1000	
N30	T0101	
N40	G00X50Z10	
N50	G42G00X50Z2	刀具快速移动到循环起点
N60	G71U2R0.5	外轮廓粗车循环
N70	G71P80Q130X0.5Z0.05F0.2	
N80	G01X28Z1F0.2	外轮廓加工
N90	X32Z-1	
N100	Z-17,R3	
N110	X48,C48	
N120	Z-40	
N130	X55	
N140	G00X100	刀具退至安全点，主轴停转，程序暂停
N150	Z100	
N160	M05	
N170	M00	
N180	M03S2000	设置精加工前准备参数
N190	T0101	
N200	G00X35Z2	
N210	G70P80Q130F0.07	外轮廓精加工
N220	G40G00X100	退刀至安全点，主轴停转，程序结束并返回
N230	Z100	
N240	M09	
N250	M05	
N260	M30	

续表

程序段号	程序	程序说明
	O0003	右端面加工程序
N10	G99G40M08	设置加工前准备参数
N20	M03S1000	
N30	T0404	
N40	G00X100Z200	
N50	G00X50Z2	刀具快速移动到循环起点
N60	G01Z0F0.08	右端面加工
N70	X-1	
N80	G00Z100	退刀至安全点，主轴停转，程序结束并返回
N90	X100	
N100	M09	
N110	M05	
N120	M30	
	O0004	外轮廓加工程序
N10	G99G40M08	设置加工前准备参数，并建立刀补
N20	M03S1000	
N30	T0101	
N40	G42G00X65Z10	
N50	G00X50Z2	刀具快速移动到循环起点
N60	G71U2R0.5	外轮廓粗车循环
N70	G71P80Q180X0.5Z0.05F0.2	
N80	G01X0Z0F0.07	外轮廓加工
N90	#1=0	
N100	WHILE #1GE[-26]DO1	
N110	#2=SQRT[[1-[#1+15]*[#1+15]/225]*100]	
N120	G01X[2*#2]Z[#1]	
N130	#1=#1-0.1	
N140	END1	
N150	G01X32,C1	
N160	Z-36	
N170	X46	
N180	G1X50Z-38	

续表

程序段号	程序	程序说明
N190	G00X100	刀具退至安全点，主轴停转，程序暂停
N200	Z100	
N210	M05	
N220	M00	
N230	M03S2000	设置精加工前准备参数
N240	T0101	
N250	G00X60Z2	
N260	G70P80Q180CXF0.07	外轮廓精加工
N270	G40G00X100	退刀至安全点，主轴停转，程序结束并返回
N280	Z100	
N290	M09	
N300	M00	
N310	M30	

5. 评分标准

椭圆轴零件加工实例评分表如表 6-1-4 所示。

表 6-1-4　评分表（椭圆轴零件）

考核项目	序号	考核内容	评分标准	配分	检测结果	得分
工件质量	1	$\phi48^{0}_{-0.03}$	每超差 0.01 扣 1 分	10		
	2	$\phi32^{0}_{-0.03}$	每超差 0.01 扣 1 分	10		
	3	$\phi32^{0}_{-0.025}$	每超差 0.1 全扣	9		
	4	椭圆	超差 0.1 全扣	30		
	5	倒角、圆角	每个不合格扣 1 分	8		
	6	表面粗糙度	*Ra*1.6 处每低一个等级扣 2 分，其余加工部位 30%不达要求扣 2 分，50%不达要求扣 3 分，75%不达要求扣 6 分	10		
工艺准备	7	工艺编制	酌情扣分	5		
	8	程序编写及输入	酌情扣分	5		
	9	切削三要素	酌情扣分	5		

续表

考核项目	序号	考核内容	评分标准	配分	检测结果	得分
安全文明生产	10	正确使用车床	酌情扣分	2		
	11	正确使用量具	酌情扣分	2		
	12	合理使用刀具	酌情扣分	2		
	13	设备维护保养	酌情扣分	2		
合计				100		
现场记录						

6.1.2 拓展与练习

对图 6-1-2 所示内椭圆零件编程，毛坯尺寸为ϕ50×75 的铝合金棒料，额定工时为 1.5h。

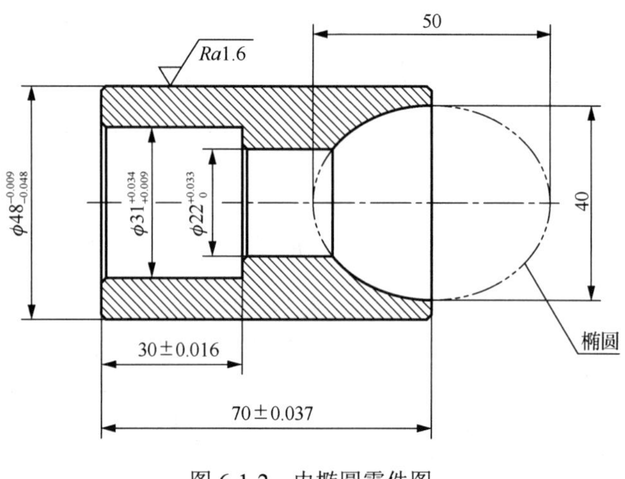

图 6-1-2 内椭圆零件图

6.2 倾斜椭圆轴零件加工实例

6.2.1 倾斜椭圆轴零件加工实例详解

1. 图样

倾斜椭圆轴零件加工实例图样如图 6-2-1 所示。

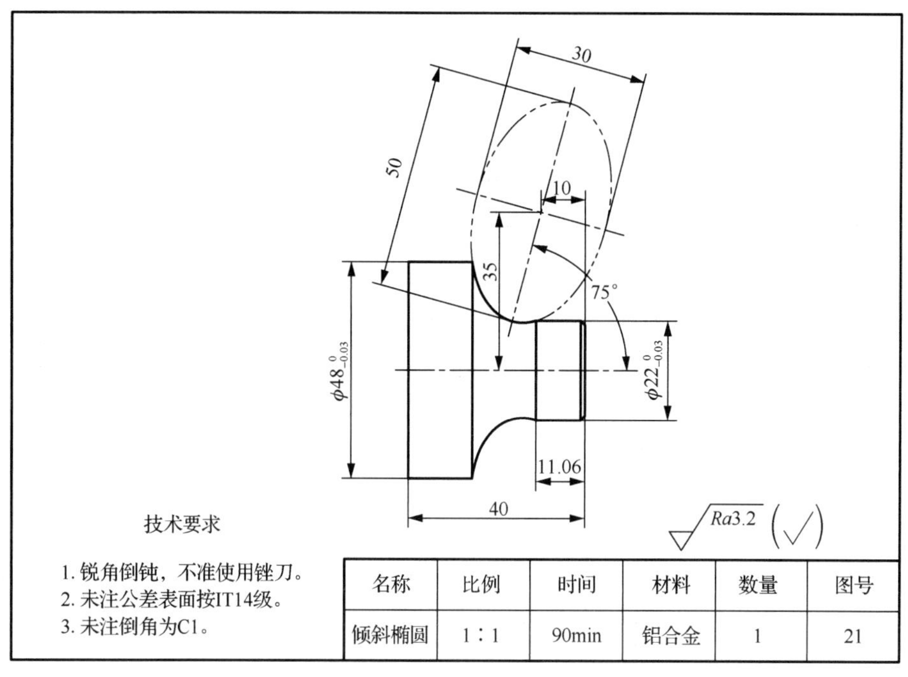

名称	比例	时间	材料	数量	图号
倾斜椭圆	1∶1	90min	铝合金	1	21

图 6-2-1　倾斜椭圆轴零件图样

2. 材料、工量具清单

加工倾斜椭圆轴零件所需材料、工量具清单如表 6-2-1 所示。

表 6-2-1　材料、工量具清单（倾斜椭圆轴零件）

分类	名称	规格	数量	备注
材料	铝合金（2A12）棒料	ϕ50×45	1	
设备	车床配自定心卡盘	CK6140	1	
	卡盘扳手、刀架扳手	相应车床	1	
刀具	外圆车刀	35°	1	根据粗车、精车选择刀片
量具	外径千分尺	0～25mm	1	
	外径千分尺	25～50mm	1	
	带表游标卡尺	0～150mm	1	
工具及其他	回转顶尖	60°	1	
	锉刀		1 套	
	铜片	0.1～0.3mm	若干	
	垫片		若干	根据工件尺寸需要
	夹紧工具		1 套	
	刷子		1	

续表

分类	名称	规格	数量	备注
工具及其他	油壶		1	
	清洗油		若干	
	垫刀片		若干	
	草稿纸		适量	
	计算器		1	
	工作服、工作帽、护目镜		1套	

3. 加工工艺分析

倾斜椭圆轴零件加工工艺卡如表 6-2-2 所示。

表 6-2-2 加工工艺卡（倾斜椭圆轴零件）

<table>
<tr><th>序号</th><th>加工内容</th><th>刀具</th><th colspan="2">转速/（r/min）</th><th>进给速度/（r/mm）</th><th colspan="2">背吃刀量/mm</th><th>操作方法</th><th>程序号</th></tr>
<tr><td colspan="10">装夹工件伸出 20mm</td></tr>
<tr><td>1</td><td>车左端面</td><td>T0404</td><td colspan="2">1000</td><td>0.08</td><td colspan="2">0.5</td><td>自动</td><td>O0001</td></tr>
<tr><td rowspan="2">2</td><td rowspan="2">车外圆到ϕ48 处</td><td rowspan="2">T0101</td><td>粗</td><td>1000</td><td>0.2</td><td>粗</td><td>2</td><td rowspan="2">自动</td><td rowspan="2">O0002</td></tr>
<tr><td>精</td><td>2000</td><td>0.07</td><td>精</td><td>0.5</td></tr>
<tr><td colspan="10">掉头，装夹ϕ48 外圆并找正</td></tr>
<tr><td>3</td><td>车右端面</td><td>T0404</td><td colspan="2">1000</td><td>0.08</td><td colspan="2">0.5</td><td>自动</td><td>O0003</td></tr>
<tr><td rowspan="2">4</td><td rowspan="2">车右外面</td><td rowspan="2">T0101</td><td>粗</td><td>1000</td><td>0.2</td><td>粗</td><td>2</td><td rowspan="2">自动</td><td rowspan="2">O0004</td></tr>
<tr><td>精</td><td>2000</td><td>0.07</td><td>精</td><td>0.5</td></tr>
</table>

4. 加工程序

倾斜椭圆轴零件加工程序如表 6-2-3 所示。

表 6-2-3 FANUC 系统加工程序（倾斜椭圆轴零件）

<table>
<tr><th>程序段号</th><th>程序</th><th>程序说明</th></tr>
<tr><td colspan="2">O0001</td><td>左端面加工程序</td></tr>
<tr><td>N10</td><td>G99G40M08</td><td rowspan="4">设置加工前准备参数</td></tr>
<tr><td>N20</td><td>M03S1000</td></tr>
<tr><td>N30</td><td>T0404</td></tr>
<tr><td>N40</td><td>G00X100Z200</td></tr>
<tr><td>N50</td><td>G00X53Z2</td><td>刀具快速移动到循环起点</td></tr>
</table>

续表

程序段号	程序	程序说明
N60	G01Z0F0.08	左端面加工
N70	X-1	
N80	G00Z100	退刀至安全点，主轴停转，程序结束并返回
N90	X100	
N100	M09	
N110	M05	
N120	M30	
O0002		外轮廓（ϕ48）加工程序
N10	G99G40M08	设置加工前准备参数，并建立刀补
N20	M03S1000	
N30	T0101	
N40	G42G00X55Z10	
N50	G00X55Z2	刀具快速移动到循环起点
N60	G71U2R0.5	外轮廓粗车循环
N70	G71P80Q100X0.5Z0.05F0.2	
N80	G01X48Z1F0.2	外轮廓加工
N90	Z-15	
N100	X55	
N110	G00X100	刀具退至安全点，主轴停转，程序暂停
N120	Z100	
N130	M05	
N140	M00	
N150	M03S2000	设置精加工前准备参数
N160	T0101	
N170	G00X35Z2	
N180	G70P80Q100F0.07	外轮廓精加工
N190	G40G00X100	退刀至安全点，主轴停转，程序结束并返回
N200	Z100	
N210	M09	
N220	M05	
N230	M30	

续表

程序段号	程序	程序说明
O0003		右端面加工程序
N10	G99G40M08	设置加工前准备参数
N20	M03S1000	
N30	T0404	
N40	G00X100Z200	
N50	G00X53Z2	刀具快速移动到循环起点
N60	G01Z0F0.08	右端面加工
N70	X-1	
N80	G00Z100	退刀至安全点，主轴停转，程序结束并返回
N90	X100	
N100	M09	
N110	M05	
N120	M30	
O0004		外轮廓加工程序
N10	G99G40M08	设置加工前准备参数，并建立刀补
N20	M03S1000	
N30	T0101	
N40	G42G00X65Z10	
N50	G00X65Z8	刀具快速移动到循环起点
N60	G71U2R0.5	外轮廓粗车循环
N70	G71P80Q180X0.5Z0.05F0.2	
N80	G01X18Z1F0.2	外轮廓加工
N90	X22Z-1	
N100	Z-11.06	
N110	#1=200.2	
N120	WHILE[#1GE125.8]do1	
N130	#11=25*COS[#1]*SIN[75]+15*SIN[#1]*COS[75]+35	
N140	#12=25*COS[#1]*COS[75]-15*SIN[#1]*SIN[75]-10	
N150	G01X[2*[#11]]Z[#12]	
N160	#1=#1-0.1	
N170	END1	
N180	G1X50F0.2	

续表

程序段号	程序	程序说明
N190	G00X100	刀具退至安全点，主轴停转，程序暂停
N200	Z100	
N210	M05	
N220	M00	
N230	M03S2000	设置精加工前准备参数
N240	T0101	
N250	G00X60Z2	
N260	G70P80Q180CXF0.07	外轮廓精加工
N270	G40G00X100	退刀至安全点，主轴停转，程序结束并返回
N280	Z100	
N290	M09	
N300	M00	
N310	M30	

5. 评分标准

倾斜椭圆轴零件加工实例评分表如表 6-2-4 所示。

表 6-2-4　评分表（倾斜椭圆轴零件）

考核项目	序号	考核内容	评分标准	配分	检测结果	得分
工件质量	1	$\phi48_{-0.03}^{\ 0}$	每超差 0.01 扣 1 分	10		
	2	$\phi22_{-0.03}^{\ 0}$	每超差 0.01 扣 1 分	10		
	3	线性尺寸	每超差 0.1 全扣	9		
	4	倾斜椭圆	超差 0.1 全扣	30		
	5	倒角	每个不合格扣 1 分	8		
	6	表面粗糙度	*Ra*1.6 处每低一个等级扣 2 分，其余加工部位 30%不达要求扣 2 分，50%不达要求扣 3 分，75%不达要求扣 6 分	10		
工艺准备	7	工艺编制	酌情扣分	5		
	8	程序编写及输入	酌情扣分	5		
	9	切削三要素	酌情扣分	5		

续表

考核项目	序号	考核内容	评分标准	配分	检测结果	得分
安全文明生产	10	正确使用车床	酌情扣分	2		
	11	正确使用量具	酌情扣分	2		
	12	合理使用刀具	酌情扣分	2		
	13	设备维护保养	酌情扣分	2		
合计				100		
现场记录						

6.2.2 拓展与练习

对图 6-2-2 所示内倾斜椭圆零件编程，毛坯尺寸为ϕ70×85 的铝合金棒料，额定工时为 1.5h。

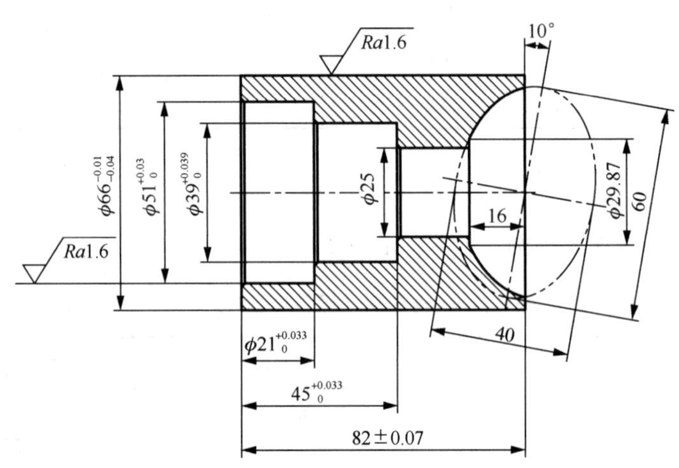

图 6-2-2　内倾斜椭圆零件图

6.3 正弦曲线零件加工实例

6.3.1 正弦曲线零件加工实例详解

1. 图样

正弦曲线零件加工实例图样如图 6-3-1 所示。

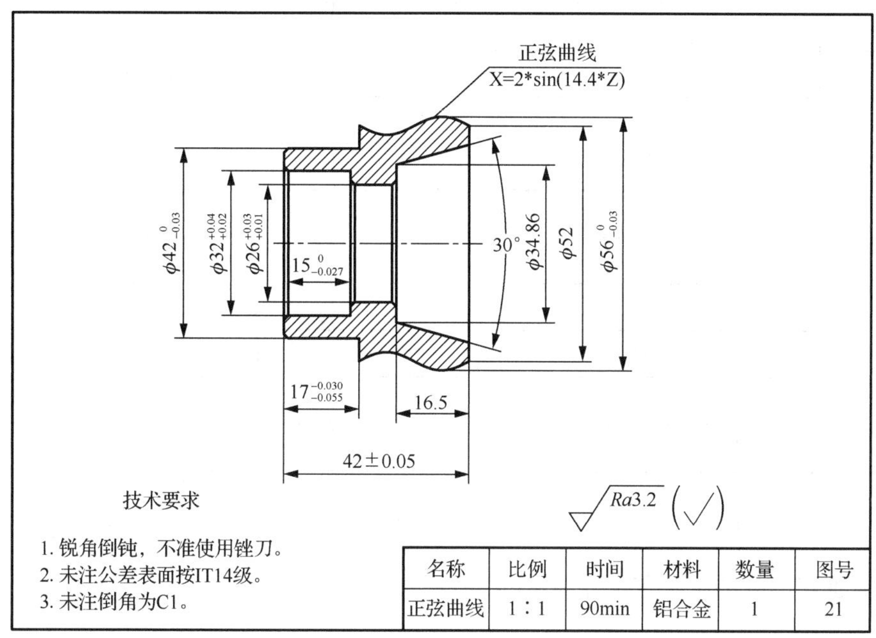

图 6-3-1　正弦曲线零件图样

2. 材料、工量具清单

加工正弦曲线零件所需材料、工量具清单如表 6-3-1 所示。

表 6-3-1　材料、工量具清单（正弦曲线零件）

分类	名称	规格	数量	备注
材料	铝合金（2A12）棒料	ϕ60×47	1	
设备	车床配自定心卡盘	CK6140	1	
	卡盘扳手、刀架扳手	相应车床	1	
刀具	外圆车刀	35°	1	根据粗车、精车选择刀片
	内孔车刀	35°	1	
量具	外径千分尺	0～25mm	1	
	外径千分尺	25～50mm	1	
	带表游标卡尺	0～150mm	1	
工具及其他	回转顶尖	60°	1	
	锉刀	～	1 套	
	铜片	0.1～0.3mm	若干	

续表

分类	名称	规格	数量	备注
工具及其他	垫片		若干	根据工件尺寸需要
	夹紧工具		1套	
	刷子		1	
	油壶		1	
	清洗油		若干	
	垫刀片		若干	
	草稿纸		适量	
	计算器		1	
	工作服、工作帽、护目镜		1套	

3. 加工工艺分析

正弦曲线零件加工工艺卡如表6-3-2所示。

表6-3-2 加工工艺卡（正弦曲线零件）

序号	加工内容	刀具	转速/（r/min）		进给速度/（r/mm）	背吃刀量/mm		操作方法	程序号
装夹工件伸出20mm									
1	车左端面	T0404	1000		0.08	0.5		自动	O0001
2	车外圆到ϕ42处	T0101	粗	1000	0.2	粗	2	自动	O0002
			精	2000	0.07	精	0.5		
3	钻孔	T0505	800		0.12	10		自动	O0003
4	车内孔	T0303	粗	1000	0.2	粗	2	自动	O0004
			精	2000	0.07	精	0.5		
掉头，装夹ϕ42外圆，并找正									
5	车右端面	T0404	1000		80	0.5		自动	O0005
6	车正弦曲线及外圆	T0101	粗	1000	0.2	粗	2	自动	O0006
			精	2000	0.07	精	0.5		
7	车内孔	T0303	粗	1000	0.2	粗	2	自动	O0007
			精	2000	0.07	精	0.5		

4. 加工程序

正弦曲线零件加工程序如表6-3-3所示。

表 6-3-3　FANUC 系统加工程序（正弦曲线零件）

程序段号	程序	程序说明
O0001		左端面加工程序
N10	G99G40M08	设置加工前准备参数
N20	M03S1000	
N30	T0404	
N40	G00X100Z200	
N50	G00X64Z2	刀具快速移动到循环起点
N60	G01Z0F0.08	左端面加工
N70	X-1	
N80	G00Z100	退刀至安全点，主轴停转，程序结束并返回
N90	X100	
N100	M09	
N110	M05	
N120	M30	
O0002		外轮廓（ϕ42）加工程序
N10	G99G40M08	设置加工前准备参数，并建立刀补
N20	M03S1000	
N30	T0101	
N40	G42G00X65Z10	
N50	G00X65Z8	刀具快速移动到循环起点
N60	G71U2R0.5	外轮廓粗车循环
N70	G71P80Q110X0.5Z0.05F0.2	
N80	G01X38Z1F0.2	外轮廓加工
N90	X42Z-1	
N100	Z-17	
N110	X63	
N120	G00X100	刀具退至安全点，主轴停转，程序暂停
N130	Z100	
N140	M05	
N150	M00	
N160	M03S2000	设置精加工前准备参数
N170	T0101	
N180	G00X60Z2	
N190	G70P80Q110CXF0.07	外轮廓精加工

续表

程序段号	程序	程序说明
N200	G40G00X100	退刀至安全点，主轴停转，程序结束并返回
N210	Z100	
N220	M09	
N230	M00	
N240	M30	
O0003		钻孔加工程序
N10	G99G40M08	设置加工前准备参数
N20	M03S800	
N30	T0505	
N40	G00X100Z100	
N50	G00X0	刀具快速移动到循环起点
N60	Z2	
N70	G01Z-45F0.12	钻孔加工
N80	G00Z100	退刀至安全点，主轴停转，程序结束并返回
N90	X100	
N100	M09	
N110	M00	
N120	M30	
O0004		内孔加工程序
N10	G99G40M08	设置加工前准备参数，并建立刀补
N20	M03S800	
N30	T0303	
N40	G42G00X50Z10	
N50	G00X19Z2	刀具快速移动到循环起点
N60	G71U2R0.5	内孔粗车循环
N70	G71P80Q120X-0.5Z0.05F0.2	
N80	G01X36Z1F0.2	内孔加工
N90	X32Z-1	
N100	Z-15	
N110	X26,C1	
N120	Z-27	
N130	G00Z100	刀具退至安全点，主轴停转，程序暂停
N140	X100	
N150	M05	
N160	M00	

续表

程序段号	程序	程序说明
N170	M03S1300	设置精加工前准备参数
N180	T0303	
N190	G00X19Z2	
N200	G70P80Q120F0.07	内孔精加工
N210	G40G00X18	退刀至安全点，主轴停转，程序结束并返回
N220	Z100	
N230	X100	
N240	M09	
N250	M05	
N260	M30	
O0005		右端面加工程序
N10	G99G40M08	设置加工前准备参数
N20	M03S1000	
N30	T0404	
N40	G00X100Z200	
N50	G00X63Z2	刀具快速移动到循环起点
N60	G01Z0F0.08	右端面加工
N70	X-1	
N80	G00Z100	退刀至安全点，主轴停转，程序结束并返回
N90	X100	
N100	M09	
N110	M05	
N120	M30	
O0006		外轮廓（正弦曲线及外圆）加工程序
N10	G99G40M08	设置加工前准备参数，并建立刀补
N20	M03S1000	
N30	T0101	
N40	G42G00X50Z10	
N50	G00X63Z2	刀具快速移动到循环起点
N60	G71U2R0.5	外轮廓粗车循环
N70	G71P80Q150X0.5Z0.05F0.2	
N80	G00 X52Z2	外轮廓加工
N90	G01Z0F0.07	
N100	#1=0	

续表

程序段号	程序	程序说明
N110	WHILE#1GE[-25]DO1	外轮廓加工
N120	#2=SIN[[#1+31.25]*14.4]	
N130	G01 X[56+2*#2]　Z[#1]	
N140	#1=#1-0.1	
N150	END1	
N160	G00X100	刀具退至安全点，主轴停转，程序暂停
N170	Z100	
N180	M05	
N190	M00	
N200	M03S2000	设置精加工前准备参数
N210	T0101	
N220	G00X44Z2	
N230	G70P80Q150F0.07	外轮廓精加工
N240	G40G00X100	退刀至安全点，主轴停转，程序结束并返回
N250	Z100	
N260	M09	
N270	M05	
N280	M30	
O0007		内孔加工程序
N10	G99G40M08	设置加工前准备参数，并建立刀补
N20	M03S800	
N30	T0303	
N40	G41G00X50Z10	
N50	G00X19Z2	刀具快速移动到循环起点
N60	G71U2R0.5	内孔粗车循环
N70	G71P80Q120X-0.5Z0.05F0.2	
N80	G01X43.7Z1F0.2	内孔加工
N90	Z0	
N100	X34.86Z-16.5	
N110	X28	
N120	X24Z-18.5	
N130	G00Z100	刀具退至安全点，主轴停转，程序暂停
N140	X100	
N150	M05	
N160	M00	

续表

程序段号	程序	程序说明
N170	M03S1300	设置精加工前准备参数
N180	T0303	
N190	G00X19Z2	
N200	G70P80Q120F0.07	内孔精加工
N210	G40G00X18	退刀至安全点，主轴停转，程序结束并返回
N220	Z100	
N230	X100	
N240	M09	
N250	M05	
N260	M30	

5. 评分标准

正弦曲线零件加工实例评分表如表 6-3-4 所示。

表 6-3-4　评分表（正弦曲线零件）

考核项目	序号	考核内容	评分标准	配分	检测结果	得分
工件质量	1	$\phi42_{-0.03}^{0}$	每超差 0.01 扣 1 分	6		
	2	$\phi32_{+0.02}^{+0.04}$	每超差 0.01 扣 1 分	6		
	3	$\phi26_{+0.01}^{+0.03}$	每超差 0.01 扣 1 分	6		
	4	$\phi56_{-0.03}^{0}$	每超差 0.1 全扣	5		
	5	$15_{-0.027}^{0}$	每超差 0.1 全扣	5		
	6	$17_{-0.055}^{-0.03}$	每超差 0.1 全扣	5		
	7	$\phi52$、$\phi34.86$、16.5	每超差 0.1 全扣	5		
	8	42±0.05	每超差 0.01 扣 1 分	5		
	9	30°	不合格全扣	5		
	10	正弦曲线 X=2*sin（14.4*Z）	不合格全扣	15		
	11	倒角	每个不合格扣 2 分	8		
	12	表面粗糙度	*Ra*1.6 处每低一个等级扣 2 分，其余加工部位 30%不达要求扣 2 分，50%不达要求扣 3 分，75%不达要求扣 6 分	6		
工艺准备	13	工艺编制	酌情扣分	5		
	14	程序编写及输入	酌情扣分	5		
	15	切削三要素	酌情扣分	5		

续表

考核项目	序号	考核内容	评分标准	配分	检测结果	得分
安全文明生产	16	正确使用车床	酌情扣分	2		
	17	正确使用量具	酌情扣分	2		
	18	合理使用刀具	酌情扣分	2		
	19	设备维护保养	酌情扣分	2		
合计				100		
现场记录						

6.3.2 拓展与练习

对图 6-3-2 所示倾斜正弦曲线零件编程，毛坯尺寸为ϕ60×95 的铝合金棒料，额定工时为 1.5h。

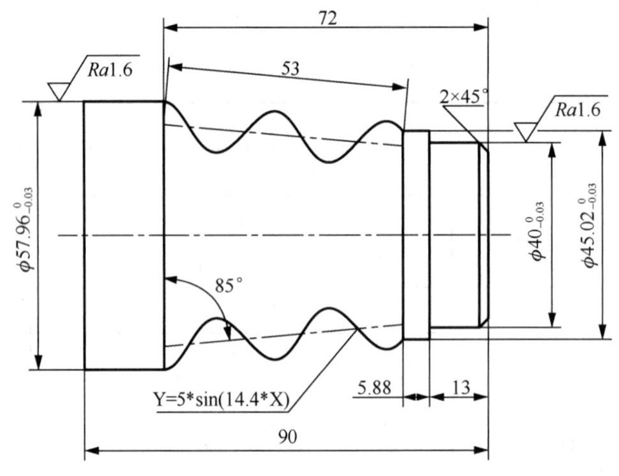

图 6-3-2 倾斜正弦曲线零件图

6.4 抛物线类零件加工实例

6.4.1 抛物线类零件加工实例详解

1. 图样

抛物线类零件加工实例图样如图 6-4-1 所示。

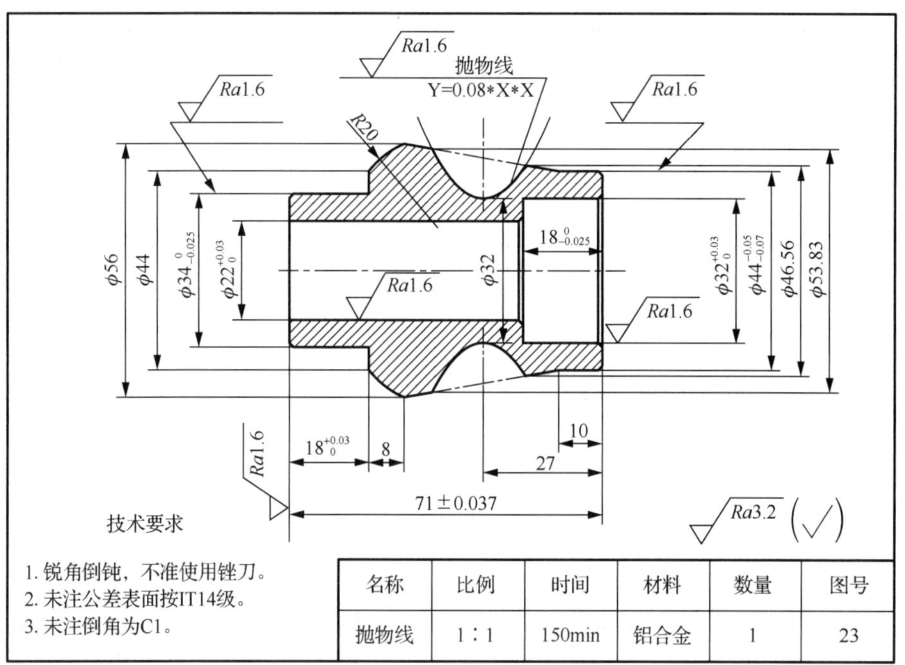

图 6-4-1　抛物线类零件图样

2. 材料、工量具清单

加工抛物线类零件所需材料、工量具清单如表 6-4-1 所示。

表 6-4-1　材料、工量具清单（抛物线类零件）

分类	名称	规格	数量	备注
材料	铝合金（2A12）棒料	ϕ60×76	1	
设备	车床配自定心卡盘	CK6140	1	
	卡盘扳手、刀架扳手	相应车床	1	
刀具	外圆车刀	35°	1	根据粗车、精车选择刀片
	内孔车刀	35°	1	
量具	外径千分尺	25～50mm	1	
	外径千分尺	50～75mm	1	
	带表游标卡尺	0～150mm	1	
工具及其他	回转顶尖	60°	1	
	锉刀		1 套	
	铜片	0.1～0.3mm	若干	
	垫片		若干	根据工件尺寸需要

续表

分类	名称	规格	数量	备注
工具及其他	夹紧工具		1套	
	刷子		1	
	油壶		1	
	清洗油		若干	
	垫刀片		若干	
	草稿纸		适量	
	计算器		1	
	工作服、工作帽、护目镜		1套	

3. 加工工艺分析

抛物线类零件加工工艺卡如表 6-4-2 所示。

表 6-4-2 加工工艺卡（抛物线类零件）

序号	加工内容	刀具	转速/（r/min）		进给速度/（r/mm）	背吃刀量/mm		操作方法	程序号
装夹工件伸出 30mm									
1	车左端面	T0404	1000		0.08	0.5		自动	O0001
2	车外圆到ϕ56 处	T0101	粗	1000	0.2	粗	2	自动	O0002
			精	2000	0.07	精	0.5		
3	钻孔	T0505	800		0.12	10		自动	O0003
掉头，装夹ϕ34 外圆并找正									
4	车右端面	T0404	1000		80	0.5		自动	O0004
5	车右端抛物线及外圆	T0101	粗	1000	0.2	粗	2	自动	O0005
			精	2000	0.07	精	0.5		
6	车内孔	T0303	粗	1000	0.2	粗	2	自动	O0006
			精	1500	0.07	精	0.5		

4. 加工程序

抛物线类零件加工程序如表 6-4-3 所示。

表 6-4-3 FANUC 系统加工程序（抛物线类零件）

程序段号	程序	程序说明
O0001		左端面加工程序
N10	G99G40M08	设置加工前准备参数
N20	M03S1000	

续表

程序段号	程序	程序说明
N30	T0404	设置加工前准备参数
N40	G00X100Z200	
N50	G00X63Z2	刀具快速移动到循环起点
N60	G01Z0F0.08	右端面加工
N70	X-1	
N80	G00Z100	退刀至安全点，主轴停转，程序结束并返回
N90	X100	
N100	M09	
N110	M05	
N120	M30	
O0002		外轮廓加工程序
N10	G99G40M08	设置加工前准备参数，并建立刀补
N20	M03S1000	
N30	T0101	
N40	G42G00X55Z10	
N50	G00X55Z2	刀具快速移动到循环起点
N60	G71U2R0.5	外轮廓粗车循环
N70	G71P80Q100X0.5Z0.05F0.2	
N80	G01X30Z1F0.2	外轮廓加工
N90	X34Z-1	
N100	Z-18	
N110	X44	
N120	G03X56Z-26R20	
N130	G01X63	
N140	G00X100	刀具退至安全点，主轴停转，程序暂停
N150	Z100	
N160	M05	
N170	M00	
N180	M03S2000	设置精加工前准备参数
N190	T0101	
N200	G00X35Z2	

续表

程序段号	程序	程序说明
N210	G70P80Q100F0.07	外轮廓精加工
N220	G40G00X100	退刀至安全点，主轴停转，程序结束并返回
N230	Z100	
N240	M09	
N250	M05	
N260	M30	
O0003		钻孔加工说明
N10	G99G40M08	设置加工前准备参数
N20	M03S800	
N30	T0505	
N40	G00X100Z100	
N50	G00X0	刀具快速移动到循环起点
N60	Z2	
N70	G01Z-72F0.12	钻孔加工
N80	G00Z100	退刀至安全点，主轴停转，程序结束并返回
N90	X100	
N100	M09	
N110	M00	
N120	M30	
O0004		右端面加工程序
N10	G99G40M08	设置加工前准备参数
N20	M03S1000	
N30	T0404	
N40	G00X100Z200	
N50	G00X65Z2	刀具快速移动到循环起点
N60	G01Z0F0.08	右端面加工
N70	X-1	
N80	G00Z100	退刀至安全点，主轴停转，程序结束并返回
N90	X100	
N100	M09	
N110	M05	
N120	M30	

续表

程序段号	程序	程序说明
O0005		外轮廓加工程序
N10	G99G40M08	设置加工前准备参数，并建立刀补
N20	M03S1000	
N30	T0101	
N40	G42G00X63Z10	
N50	G00X63Z2	刀具快速移动到循环起点
N60	G71U2R0.5	外轮廓粗车循环
N70	G71P80Q170X0.5Z0.05F0.2	
N80	G00X40Z1	外轮廓加工
N90	G01X44Z-1F0.2	
N100	Z-10	
N110	#1=-17.46	
N120	WHILE #1GE[-20]DO1	
N130	#2=0.08*[#1+27]*[#1*27]	
N140	G01X[32+2*#2]Z[#1]	
N150	#1=#1-0.1	
N160	END1	
N170	G01X56Z-45	
N180	G00X100	刀具退至安全点，主轴停转，程序暂停
N190	Z100	
N200	M05	
N210	M00	
N220	M03S2000	设置精加工前准备参数
N230	T0101	
N240	G00X44Z2	
N250	G70P80Q170F0.07	外轮廓精加工
N260	G40G00X100	退刀至安全点，主轴停转，程序结束并返回
N270	Z100	
N280	M09	
N290	M05	
N300	M30	

续表

程序段号	程序	程序说明
O0006		内孔加工程序
N10	G99G40M08	设置加工前准备参数，并建立刀补
N20	M03S800	
N30	T0303	
N40	G41G00X50Z10	
N50	G00X19Z2	刀具快速移动到循环起点
N60	G71U2R0.5	内孔粗车循环
N70	G71P80Q110X-0.5Z0.05F0.2	
N80	G01X28Z1F0.2	内孔加工
N90	X32Z-1	
N100	Z-18	
N110	X22,C1	
N120	Z-72	
N130	X21	
N140	G00Z100	刀具退至安全点，主轴停转，程序暂停
N150	X100	
N160	M05	
N170	M00	
N180	M03S1300	设置精加工前准备参数
N190	T0303	
N200	G00X19Z2	
N210	G70P80Q110F0.07	内孔精加工
N220	G01X-1.5	
N230	G40G00X18	退刀至安全点，主轴停转，程序结束并返回
N240	Z100	
N250	X100	
N260	M09	
N270	M05	
N280	M30	

5. 评分标准

抛物线类零件加工实例评分表如表 6-4-4 所示。

表 6-4-4　评分表（抛物线类零件）

考核项目	序号	考核内容	评分标准	配分	检测结果	得分
工件质量	1	$\phi34_{-0.025}^{0}$	每超差 0.01 扣 1 分	6		
	2	$\phi44_{-0.07}^{-0.05}$	每超差 0.01 扣 1 分	6		
	3	$\phi22_{0}^{+0.03}$	每超差 0.01 扣 1 分	6		
	4	$\phi32_{0}^{+0.03}$	每超差 0.01 扣 1 分	6		
	5	$18_{-0.025}^{0}$	每超差 0.01 扣 1 分	6		
	6	$18_{0}^{+0.03}$	每超差 0.01 扣 1 分	6		
	7	71±0.037	每超差 0.01 扣 1 分	6		
	8	$\phi56$	超差 0.1 全扣	4		
	9	$R20$	不合格全扣	5		
	10	抛物线 Y=0.08*X*X	不合格全扣	8		
	11	其他线性尺寸	超差 0.1 全扣	4		
	12	倒角	每个不合格扣 2	8		
	13	表面粗糙度	$Ra1.6$ 处每低一个等级扣 2 分，其余加工部位 30%不达要求扣 2 分，50%不达要求扣 3 分，75%不达要求扣 6 分	6		
工艺准备	14	工艺编制	酌情扣分	5		
	15	程序编写及输入	酌情扣分	5		
	16	切削三要素	酌情扣分	5		
安全文明生产	17	正确使用车床	酌情扣分	2		
	18	正确使用量具	酌情扣分	2		
	19	合理使用刀具	酌情扣分	2		
	20	设备维护保养	酌情扣分	2		
合计				100		
现场记录						

6.4.2　拓展与练习

对图 6-4-2 所示倾斜抛物线零件编程，毛坯尺寸为$\phi50\times40$ 的铝合金棒料，额定工时为 1.5h。

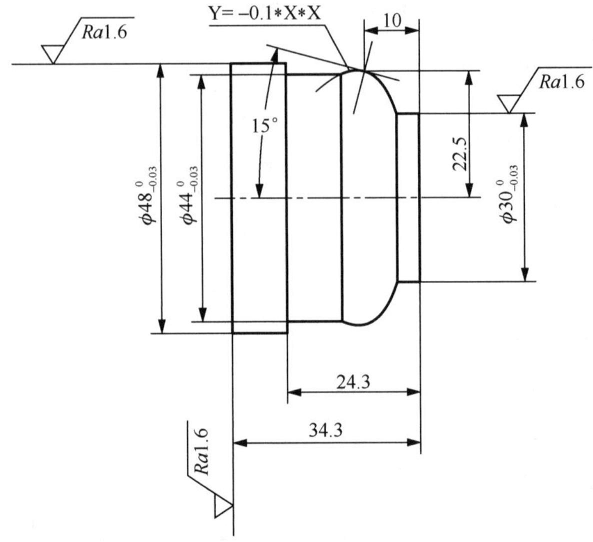

图 6-4-2　倾斜抛物线零件图

第 7 章　中级职业技能鉴定应会试题

学习要点

1）了解中级工应会零件加工的相关工艺知识。

2）熟练使用数控系统指令编写程序。

3）掌握刀具半径补偿、长度补偿指令及使用。

技能目标

1）能选择数控车削加工常用的刀具以及匹配的工具系统。

2）独立完成数控车床中级工应会零件的加工，并能够检测加工质量。

7.1　中级数控车床操作工应会试题一

加工如图 7-1-1 所示工件，毛坯为$\phi 45\times 90$的硬铝，试编写数控车床加工程序并进行加工。

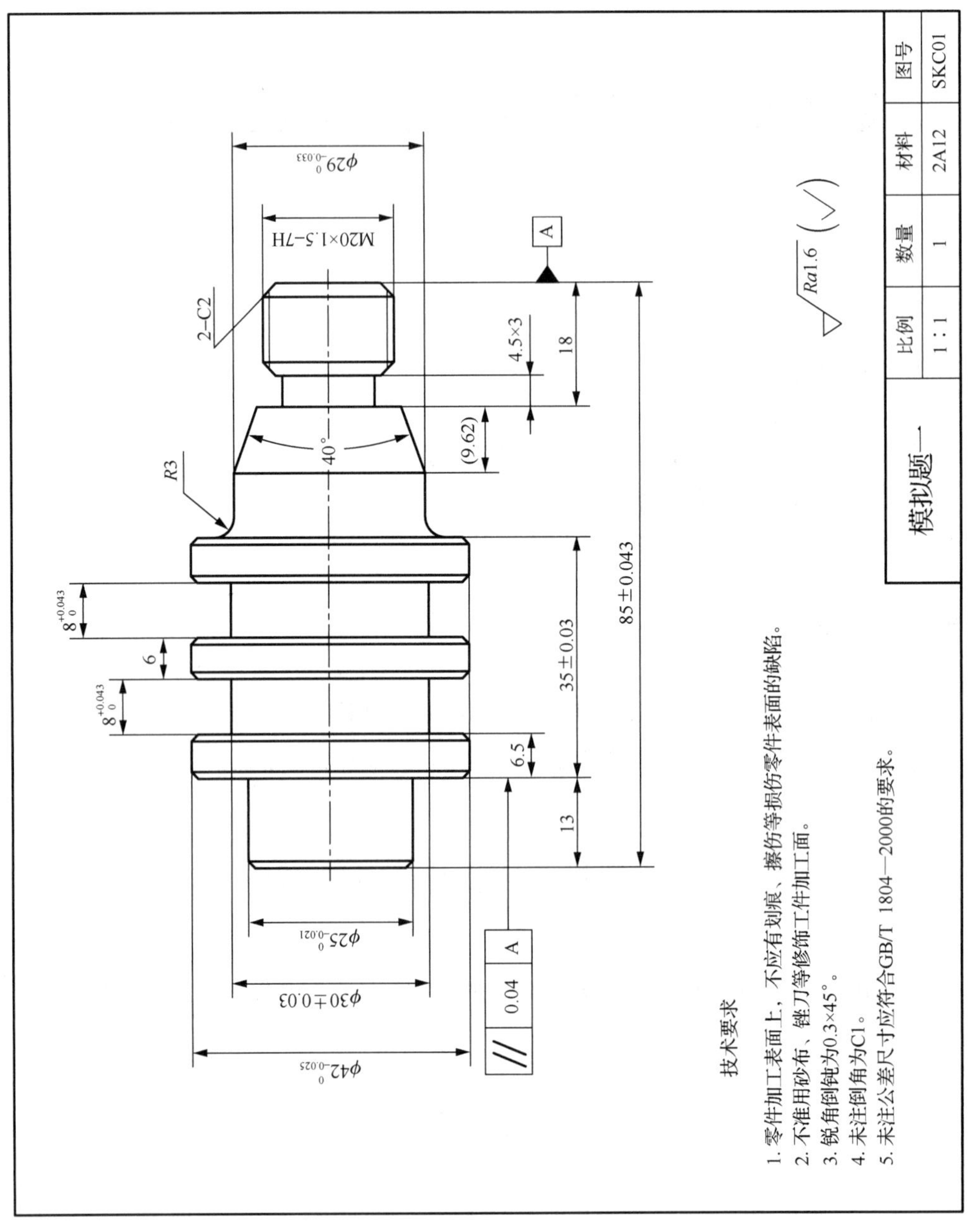

图 7-1-1 中级应会模拟题一——零件图样

1. 考场准备

考场准备内容见表 7-1-1 和表 7-1-2。

表 7-1-1　设备准备表

名称	型号	数量	要求
数控车床	FANUC 系统数控车床	1 台/每人	考场准备
自定心卡盘	对应工件	1 台/每台机床	考场准备
自定心卡盘扳手	相应车床	1 副/每台机床	考场准备

表 7-1-2　材料准备表

名称	规格	数量	要求
硬铝	$\phi 45\times 90$	1 块/每位考生	考场准备

（1）考场准备说明

1）考场面积：每个选手一般不少于 8m^2；

2）每位选手工位面积不少于 4m^2；

3）过道宽度不小于 2m；

4）考场车床数量以 20～40 台为宜；

5）每个工位应配有一个 0.5m^2 的台面供选手摆放工、量、刀具；

6）考场电源功率必须能满足所有设备正常启动工作；

7）考场应配有相应数量的清扫工具；

8）每个考场应配有电刻笔及编号工位。

（2）考场人员配备要求

1）评委人员数量与选手人数之比为 1∶10；

2）每个考场至少配备机修钳工、维修电工、医护人员各 1 名；

3）评委人员、工作人员（机修钳工、维修电工、医护人员）必须提前 30min 到达考场。

2. 考生准备

数控车工操作技能考核模拟一的准备通知单见表 7-1-3、任务评介表见表 7-1-4。

表 7-1-3　数控车工操作技能考核模拟一——准备通知单

序号	项目	名称	规格	数量	备注
1	量具	游标卡尺	0.02/0～150mm	1	
2		深度游标卡尺	0.02/0～150mm	1	
3		螺纹环规	M20×1.5-8g	1	
4		外径千分尺	0.01/0～25mm	1	
5		外径千分尺	0.01/25～50mm	1	
6		半径样板	R1～R25	1	
7		百分表及表座	0.01/0～3	1 套	
8	刀具	外圆车刀	90°～93°，35°菱形刀片	1	
9		外圆车刀	90°～93°，粗加工	1	
10		外圆切槽刀	3mm 或 4mm	1	
11		外螺纹车刀	螺距 1.5	1	
12	工具	平板锉刀		1	
13		薄铜皮	0.05～0.1mm	若干	
14		磁性表座		1	
15		计算器		1	
16		草稿纸		若干	

表 7-1-4　数控车工操作技能考核模拟一——任务评价表

准考证号：________________　　　　　　工件编号：________

<table>
<tr><td>零件名称</td><td colspan="2"></td><td>零件图号</td><td></td><td>操作人员</td><td>完成工时</td><td></td></tr>
<tr><td>序号</td><td colspan="3">鉴定项目及标准</td><td>配分</td><td>评分标准（扣完为止）</td><td>检测结果</td><td>得分</td></tr>
<tr><td rowspan="3">1</td><td rowspan="9">内外圆</td><td rowspan="3">$\phi42$</td><td>0
−0.025</td><td>6</td><td>超 0.005～0.01 扣 4 分，0.01 以上扣 6 分</td><td rowspan="3"></td><td rowspan="3"></td></tr>
<tr><td>$Ra1.6$</td><td>2</td><td>降一级扣 1 分，降 2 级扣 2 分</td></tr>
<tr style="display:none"></tr>
<tr><td rowspan="3">2</td><td rowspan="3">$\phi30$</td><td>+0.03
−0.03</td><td>6</td><td>超 0.005～0.01 扣 4 分，0.01 以上扣 6 分</td><td rowspan="3"></td><td rowspan="3"></td></tr>
<tr><td>$Ra1.6$</td><td>2</td><td>降一级扣 1 分，降 2 级扣 2 分</td></tr>
<tr style="display:none"></tr>
<tr><td rowspan="3">3</td><td rowspan="3">$\phi25$</td><td>0
−0.021</td><td>6</td><td>超 0.005～0.01 扣 4 分，0.01 以上扣 8 分</td><td rowspan="3"></td><td rowspan="3"></td></tr>
<tr><td>$Ra1.6$</td><td>2</td><td>降一级扣 1 分，降 2 级扣 2 分</td></tr>
<tr style="display:none"></tr>
</table>

续表

<table>
<tr><th>序号</th><th colspan="3">鉴定项目及标准</th><th>配分</th><th>评分标准（扣完为止）</th><th>检测结果</th><th>得分</th></tr>
<tr><td rowspan="3">4</td><td rowspan="3"></td><td rowspan="3">ϕ29</td><td>0</td><td rowspan="2">6</td><td rowspan="2">超 0.005～0.01 扣 4 分，
0.01 以上扣 6 分</td><td rowspan="3"></td><td rowspan="3"></td></tr>
<tr><td>−0.033</td></tr>
<tr><td>*Ra*1.6</td><td>2</td><td>降一级扣 1 分，降 2 级扣 2 分</td></tr>
<tr><td>5</td><td rowspan="2">圆弧、锥度</td><td>*R*3</td><td>IT9</td><td>2</td><td>超差扣 1 分</td><td></td><td></td></tr>
<tr><td>6</td><td>40°</td><td>IT9</td><td>2</td><td>超差扣 1 分</td><td></td><td></td></tr>
<tr><td>7</td><td rowspan="2">螺纹</td><td rowspan="2">M20×1.5</td><td>IT9</td><td>6</td><td>通、止规检测不合格扣 5 分</td><td></td><td></td></tr>
<tr><td>8</td><td>*Ra*1.6</td><td>2</td><td>降低一级扣一分</td><td></td><td></td></tr>
<tr><td rowspan="2">9</td><td rowspan="15">长度</td><td rowspan="2">35</td><td>+0.03</td><td rowspan="2">8</td><td rowspan="2">超 0.005～0.01 扣 3 分，
0.01 以上扣 5 分</td><td rowspan="2"></td><td rowspan="2"></td></tr>
<tr><td>−0.03</td></tr>
<tr><td rowspan="2">10</td><td rowspan="2">85</td><td>+0.043</td><td rowspan="2">8</td><td rowspan="2">超 0.005～0.01 扣 3 分，
0.01 以上扣 5 分</td><td rowspan="2"></td><td rowspan="2"></td></tr>
<tr><td>−0.043</td></tr>
<tr><td rowspan="2">11</td><td rowspan="2">8</td><td>+0.043</td><td rowspan="2">8</td><td rowspan="2">超 0.005～0.01 扣 3 分，
0.01 以上扣 5 分</td><td rowspan="2"></td><td rowspan="2"></td></tr>
<tr><td>0</td></tr>
<tr><td>12</td><td>13</td><td>IT9</td><td>7</td><td>超差扣 1 分</td><td></td><td></td></tr>
<tr><td>13</td><td>6.5</td><td>IT9</td><td>7</td><td>超差扣 1 分</td><td></td><td></td></tr>
<tr><td>14</td><td>18</td><td>IT9</td><td>7</td><td>超差扣 1 分</td><td></td><td></td></tr>
<tr><td>15</td><td>9.62</td><td>IT9</td><td>7</td><td>超差扣 1 分</td><td></td><td></td></tr>
<tr><td>16</td><td>6</td><td>IT9</td><td>5</td><td>超差扣 1 分</td><td></td><td></td></tr>
<tr><td>17</td><td>4.5×3</td><td>IT9</td><td>5</td><td>超差扣 1 分</td><td></td><td></td></tr>
<tr><td>18</td><td>平行度</td><td colspan="2">0.04</td><td>7</td><td>超差扣 1 分</td><td></td><td></td></tr>
<tr><td>19</td><td>倒角</td><td></td><td>7 处</td><td>7</td><td>少一处扣 1 分</td><td></td><td></td></tr>
<tr><td colspan="4">合计</td><td>120</td><td></td><td></td><td></td></tr>
<tr><td>检验员</td><td colspan="3"></td><td>记分员</td><td colspan="3"></td></tr>
</table>

监考员（签字）：______________ 考评员（签字）：______________

7.2 中级数控车床操作工应会试题二

加工如图 7-2-1 所示工件，毛坯为ϕ40×90 的硬铝，试编写数控车床加工程序并进行加工。

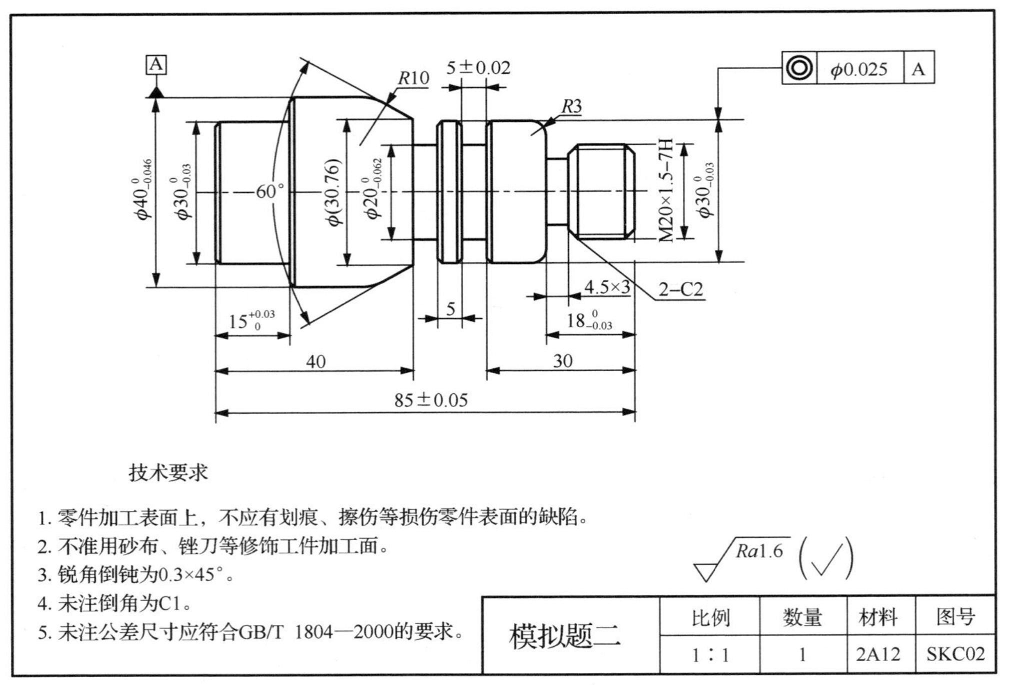

图 7-2-1　中级应会模拟题二——零件图样

1. 考场准备

考场准备内容见表 7-2-1 和表 7-2-2。

表 7-2-1　设备准备表

名称	型号	数量	要求
数控车床	FANUC 系统数控车床	1 台/每人	考场准备
自定心卡盘	对应工件	1 台/每台机床	考场准备
自定心卡盘扳手	相应车床	1 副/每台机床	考场准备

表 7-2-2　材料准备表

名称	规格	数量	要求
硬铝	ϕ45×90	1 块/每位考生	考场准备

（1）考场准备说明

1）考场面积：每个选手一般不少于 8m^2；

2）每位选手工位面积不少于 4m^2；

3）过道宽度不小于 2m；

4）考场车床数量以 20～40 台为宜；

5）每个工位应配有一个 0.5m^2 的台面供选手摆放工、量、刀具；

6）考场电源功率必须能满足所有设备正常启动工作；

7）考场应配有相应数量的清扫工具；

8）每个考场应配有电刻笔及编号工位。

（2）考场人员配备要求

1）评委人员数量与选手人数之比为 1∶10；

2）每个考场至少配备机修钳工、维修电工、医护人员各 1 名；

3）评委人员、工作人员（机修钳工、维修电工、医护人员）必须提前 30min 到达考场。

2. 考生准备

数控车工操作技能考核模拟二的准备通知单见表 7-2-3、任务评价表见表 7-2-4。

表 7-2-3　数控车工操作技能考核模拟二——准备通知单

序号	项目	名称	规格	数量	备注
1	量具	游标卡尺	0.02/0～150mm	1	
2		深度游标卡尺	0.02/0～150mm	1	
3		螺纹环规	M20×1.5-8g	1	
4		外径千分尺	0.01/0～25mm	1	
5		外径千分尺	0.01/25～50mm	1	
6		半径样板	R1～R25	1	
7		百分表及表座	0.01/0～3	1 套	
8	刀具	外圆车刀	90°～93°，35°菱形刀片	1	
9		外圆车刀	90°～93°，粗加工	1	
10		外圆切槽刀	3mm 或 4mm	1	
11		外螺纹车刀	螺距 1.5	1	
12	工具	平板锉刀		1	
13		薄铜皮	0.05～0.1mm	若干	
14		磁性表座		1	
15		计算器		1	
16		草稿纸		若干	

表 7-2-4　数控车工操作技能考核模拟二——任务评价表

准考证号：____________　　　　工件编号：________

<table>
<tr><td>零件名称</td><td colspan="2"></td><td>零件图号</td><td></td><td>操作人员</td><td></td><td>完成工时</td><td></td></tr>
<tr><td>序号</td><td colspan="3">鉴定项目及标准</td><td>配分</td><td colspan="2">评分标准（扣完为止）</td><td>检测结果</td><td>得分</td></tr>
<tr><td rowspan="3">1</td><td rowspan="9">内外圆</td><td rowspan="3">$\phi40$</td><td>0</td><td rowspan="2">6</td><td colspan="2" rowspan="2">超 0.005～0.01 扣 4 分，0.01 以上扣 6 分</td><td rowspan="3"></td><td rowspan="3"></td></tr>
<tr><td>-0.046</td></tr>
<tr><td>$Ra1.6$</td><td>2</td><td colspan="2">降一级扣 1 分，降 2 级扣 2 分</td></tr>
<tr><td rowspan="3">2</td><td rowspan="3">$\phi30$</td><td>0</td><td rowspan="2">6</td><td colspan="2" rowspan="2">超 0.005～0.01 扣 4 分，0.01 以上扣 6 分</td><td rowspan="3"></td><td rowspan="3"></td></tr>
<tr><td>-0.03</td></tr>
<tr><td>$Ra1.6$</td><td>2</td><td colspan="2">降一级扣 1 分，降 2 级扣 2 分</td></tr>
<tr><td rowspan="3">3</td><td rowspan="3">$\phi30$</td><td>0</td><td rowspan="2">6</td><td colspan="2" rowspan="2">超 0.005～0.01 扣 4 分，0.01 以上扣 8 分</td><td rowspan="3"></td><td rowspan="3"></td></tr>
<tr><td>-0.03</td></tr>
<tr><td>$Ra1.6$</td><td>2</td><td colspan="2">降一级扣 1 分，降 2 级扣 2 分</td></tr>
</table>

续表

序号	鉴定项目及标准			配分	评分标准（扣完为止）	检测结果	得分
4		2-ϕ20	0 −0.062	12	超 0.005～0.01 扣 4 分，0.01 以上扣 6 分		
			*Ra*1.6	4	降一级扣 1 分，降 2 级扣 2 分		
5	圆弧、锥度	*R*3、*R*10	IT9	3	超差扣 1 分		
6		60°	IT9	2	超差扣 1 分		
7	螺纹	M20X1.5	IT9	6	通、止规检测不合格扣 5 分		
8			*Ra*3.2	4	降低一级扣一分		
9	长度	15	+0.03 0	7	超 0.005～0.01 扣 3 分，0.01 以上扣 5 分		
10		85	+0.05 −0.05	7	超 0.005～0.01 扣 3 分，0.01 以上扣 5 分		
11		18	0 −0.03	7	超 0.005～0.01 扣 3 分，0.01 以上扣 5 分		
12		40	IT9	7	超差扣 1 分		
13		30	IT9	7	超差扣 1 分		
14		ϕ30.76	IT9	7	超差扣 1 分		
15		4.5×3	IT9	7	超差扣 1 分		
16	同轴度	0.025		8	超差扣 1 分		
17	倒角		5 处	8	少一处扣 1 分		
合计				120			
检验员				记分员			

监考员（签字）：____________　　　　考评员（签字）：____________

7.3 中级数控车床操作工应会试题三

加工如图 7-3-1 所示工件，毛坯为ϕ45×90 的硬铝，试编写数控车床加工程序并进行加工。

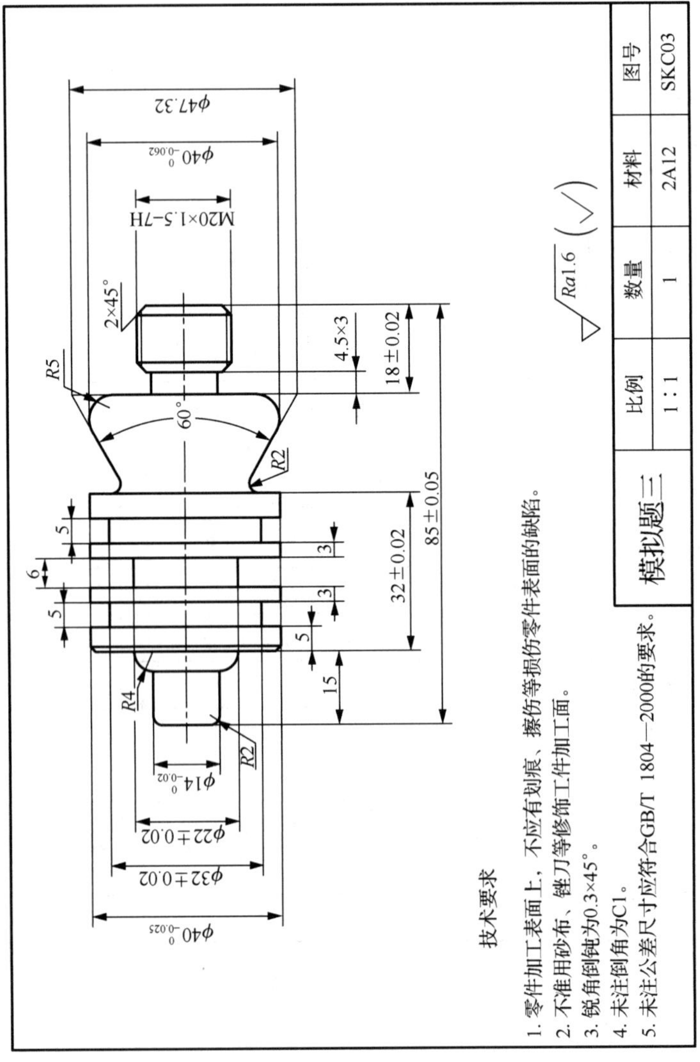

图 7-3-1 中级应会模拟题三——零件图样

1. 考场准备

考场准备内容见表 7-3-1 和表 7-3-2。

表 7-3-1　设备准备表

名称	型号	数量	要求
数控车床	FANUC 系统数控车床	1 台/每人	考场准备
自定心卡盘	对应工件	1 台/每台机床	考场准备
自定心卡盘扳手	相应车床	1 副/每台机床	考场准备

表 7-3-2　材料准备表

名称	规格	数量	要求
硬铝	ϕ45×90	1 块/每位考生	考场准备

1. 考场准备说明

1）考场面积：每个选手一般不少于 8m^2；

2）每位选手工位面积不少于 4m^2；

3）过道宽度不小于 2m；

4）考场车床数量以 20～40 台为宜；

5）每个工位应配有一个 0.5m^2 的台面供选手摆放工、量、刀具；

6）考场电源功率必须能满足所有设备正常启动工作；

7）考场应配有相应数量的清扫工具；

8）每个考场应配有电刻笔及编号工位。

（2）考场人员配备要求

1）评委人员数量与选手人数之比为 1∶10；

2）每个考场至少配备机修钳工、维修电工、医护人员各 1 名；

3）评委人员、工作人员（机修钳工、维修电工、医护人员）必须提前 30min 到达考场。

2. 考生准备

数控车工操作技能考核模拟三的任务通知单见表 7-3-3、任务评价表见表 7-3-4。

表 7-3-3　数控车工操作技能考核模拟三——准备通知单

序号	项目	名称	规格	数量	备注
1	量具	游标卡尺	0.02/0～150mm	1	
2		深度游标卡尺	0.02/0～150mm	1	
3		螺纹环规	M20×1.5-8g	1	
4		外径千分尺	0.01/0～25mm	1	
5		外径千分尺	0.01/25～50mm	1	
6		半径样板	R1～R25	1	
7		百分表及表座	0.01/0～3	1 套	
8	刀具	外圆车刀	90°～93°，35°菱形刀片	1	
9		外圆车刀	90°～93°，粗加工	1	
10		外圆切槽刀	3mm 或 4mm	1	
11		外螺纹车刀	螺距 1.5	1	
12	工具	平板锉刀		1	
13		薄铜皮	0.05～0.1mm	若干	
14		磁性表座		1	
15		计算器		1	
16		草稿纸		若干	

表 7-3-4　数控车工操作技能考核模拟三——任务评价表

准考证号：____________　　　　工件编号：__________

零件名称			零件图号		操作人员		完成工时	
序号	鉴定项目及标准			配分	评分标准（扣完为止）		检测结果	得分
1	内外圆	$\phi 40$	0 −0.025	6	超 0.005～0.01 扣 4 分，0.01 以上扣 6 分			
			Ra1.6	2	降一级扣 1 分，降 2 级扣 2 分			
2		$\phi 14$	0 −0.02	6	超 0.005～0.01 扣 4 分，0.01 以上扣 6 分			
			Ra1.6	2	降一级扣 1 分，降 2 级扣 2 分			
3		$\phi 32$	+0.02 −0.02	6	超 0.005～0.01 扣 4 分，0.01 以上扣 8 分			
			Ra1.6	2	降一级扣 1 分，降 2 级扣 2 分			

续表

序号	鉴定项目及标准			配分	评分标准（扣完为止）	检测结果	得分
4	内外圆	ϕ20	+0.02 −0.02	6	超 0.005～0.01 扣 4 分， 0.01 以上扣 6 分		
			*Ra*1.6	2	降一级扣 1 分，降 2 级扣 2 分		
5		ϕ40	0 −0.062	6	降一级扣 1 分，降 2 级扣 2 分		
			*Ra*1.6	2			
6	圆弧、锥度	*R*4、R5		4	超差扣 1 分		
7		*R*2、60°	IT9	4	超差扣 1 分		
8	螺纹	M20×1.5 -7H	IT9	6	通、止规检测不合格扣 5 分		
9			*Ra*3.2	2	降低一级扣一分		
10	长度	32	+0.02 −0.02	8	超 0.005～0.01 扣 3 分， 0.01 以上扣 5 分		
11		85	+0.05 −0.05	8	超 0.005～0.01 扣 3 分， 0.01 以上扣 5 分		
12		18	+0.02 −0.02	8	超 0.005～0.01 扣 3 分， 0.01 以上扣 5 分		
13		15	IT9	6	超差扣 1 分		
14		2—3	IT9	6	超差扣 1 分		
15		3—5	IT9	8	超差扣 1 分		
16		6	IT9	8	超差扣 1 分		
17		4.5×3	IT9	8	超差扣 1 分		
18	倒角			4	少一处扣 1 分		
合计				120			
检验员				记分员			

监考员（签字）：________________　　　　考评员（签字）：________________

7.4　中级数控车床操作工应会试题四

加工如图 7-4-1 所示工件，毛坯为ϕ40×90 的硬铝，试编写数控车床加工程序并进行加工。

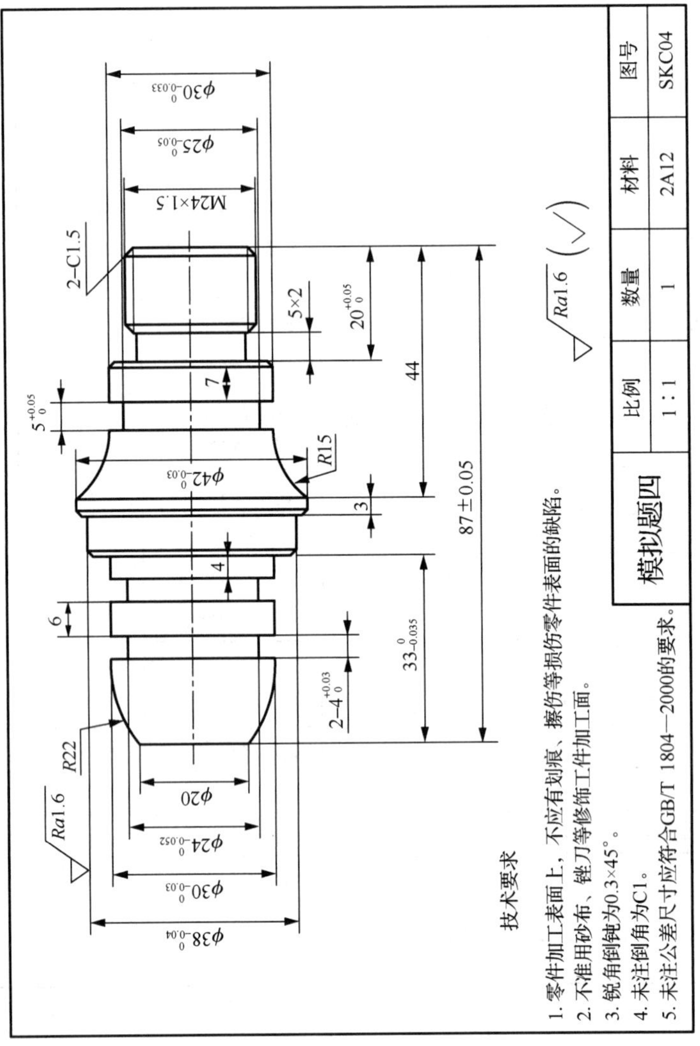

图 7-4-1 中级应会模拟题四——零件图样

1. 考场准备

考场准备内容见表 7-4-1 和表 7-4-2。

表 7-4-1　设备准备表

名称	型号	数量	要求
数控车床	FANUC 系统数控车床	1 台/每人	考场准备
自定心卡盘	对应工件	1 台/每台机床	考场准备
自定心卡盘扳手	相应车床	1 副/每台机床	考场准备

表 7-4-2　材料准备表

名称	规格	数量	要求
硬铝	ϕ45×90	1 块/每位考生	考场准备

（1）考场准备说明

1）考场面积：每个选手一般不少于 8m^2；

2）每位选手工位面积不少于 4m^2；

3）过道宽度不小于 2m；

4）考场车床数量以 20～40 台为宜；

5）每个工位应配有一个 0.5m^2 的台面供选手摆放工、量、刀具；

6）考场电源功率必须能满足所有设备正常启动工作；

7）考场应配有相应数量的清扫工具；

8）每个考场应配有电刻笔及编号工位。

（2）考场人员配备要求

1）评委人员数量与选手人数之比为 1∶10；

2）每个考场至少配备机修钳工、维修电工、医护人员各 1 名；

3）评委人员、工作人员（机修钳工、维修电工、医护人员）必须提前 30min 到达考场。

2. 考生准备

数控车工操作技能考核模拟四中的准备通知单见表 7-4-3、任务评价表见表 7-4-4。

表 7-4-3　数控车工操作技能考核模拟四——准备通知单

序号	项目	名称	规格	数量	备注
1	量具	游标卡尺	0.02/0～150mm	1	
2		深度游标卡尺	0.02/0～150mm	1	
3		螺纹环规	M20×1.5-8g	1	
4		外径千分尺	0.01/0～25mm	1	

续表

序号	项目	名称	规格	数量	备注
5	量具	外径千分尺	0.01/25～50mm	1	
6		半径样板	R1～R25	1	
7		百分表及表座	0.01/0～3	1 套	
8	刀具	外圆车刀	90°～93°，35°菱形刀片	1	
9		外圆车刀	90°～93°，粗加工	1	
10		外圆切槽刀	3mm 或 4mm	1	
11		外螺纹车刀	螺距 1.5	1	
12	工具	平板锉刀		1	
13		薄铜皮	0.05～0.1mm	若干	
14		磁性表座		1	
15		计算器		1	
16		草稿纸		若干	

表 7-4-4 数控车工操作技能考核模拟四——任务评价表

准考证号：______________ 工件编号：________

零件名称			零件图号		操作人员		完成工时	
序号	鉴定项目及标准			配分	评分标准（扣完为止）	检测结果	得分	
1	内外圆	φ38	0 -0.04	6	超 0.005～0.01 扣 4 分，0.01 以上扣 6 分			
			*Ra*1.6	2	降一级扣 1 分，降 2 级扣 2 分			
2		φ30	0 -0.033	6	超 0.005～0.01 扣 4 分，0.01 以上扣 6 分			
			*Ra*1.6	2	降一级扣 1 分，降 2 级扣 2 分			
3		φ24	0 -0.052	6	超 0.005～0.01 扣 4 分，0.01 以上扣 8 分			
			*Ra*1.6	2	降一级扣 1 分，降 2 级扣 2 分			
4		φ25	0 -0.05	6	超 0.005～0.01 扣 4 分，0.01 以上扣 6 分			
			*Ra*1.6	2	降一级扣 1 分，降 2 级扣 2 分			
5		φ30	0 -0.033	6	超 0.005～0.01 扣 4 分，0.01 以上扣 6 分			
			*Ra*1.6	2	降一级扣 1 分，降 2 级扣 2 分			
6		φ42	0 -0.03	6	超 0.005～0.01 扣 4 分，0.01 以上扣 6 分			
			*Ra*1.6	2	降一级扣 1 分，降 2 级扣 2 分			

续表

序号	鉴定项目及标准			配分	评分标准（扣完为止）	检测结果	得分
7	圆弧	*R*22	IT9	3	超差扣 1 分		
8		*R*15	IT9	3	超差扣 1 分		
9	螺纹	M24×1.5	IT9	6	通、止规检测不合格扣 5 分		
10			*Ra*3.2	2	降低一级扣一分		
11	长度	2-4	+0.03 0	6	超 0.005～0.01 扣 3 分， 0.01 以上扣 5 分		
12		5	+0.05 0	5	超 0.005～0.01 扣 3 分， 0.01 以上扣 5 分		
13		33	0 −0.035	5	超 0.005～0.01 扣 3 分， 0.01 以上扣 5 分		
14		20	+0.05 0	5	超差扣 1 分		
15		87	+0.05 −0.05	5	超差扣 1 分		
16		6	IT9	5	超差扣 1 分		
17		4	IT9	5	超差扣 1 分		
18		3	IT9	5	超差扣 1 分		
19		44	IT9	5	超差扣 1 分		
20		5×2	IT9	5	超差扣 1 分		
21	倒角		3 处	7	少一处扣 1 分		
合计				120			
检验员				记分员			

监考员（签字）：____________________　　　　　　考评员（签字）：____________________

7.5　中级数控车床操作工应会试题五

加工如图 7-5-1 所示工件，毛坯为ϕ45×90 的硬铝，试编写数控车床加工程序并进行加工。

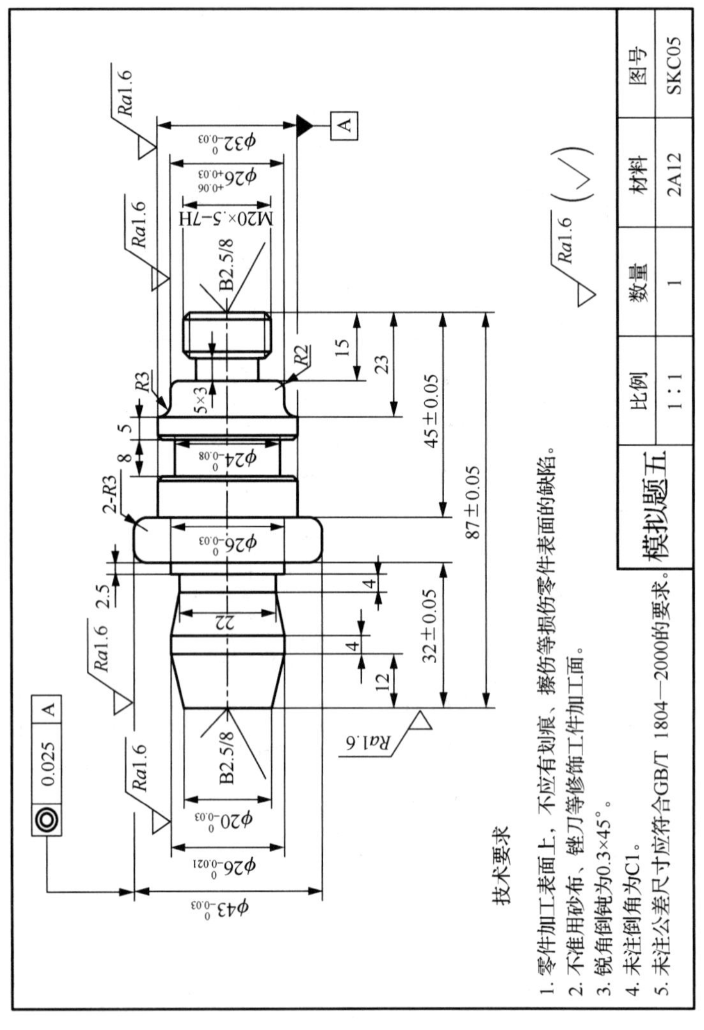

图 7-5-1 中级应会模拟题五——零件图样

1. 考场准备

考场准备内容见表 7-5-1 和表 7-5-2。

表 7-5-1　设备准备表

名称	型号	数量	要求
数控车床	FANUC 系统数控车床	1 台/每人	考场准备
自定心卡盘	对应工件	1 台/每台机床	考场准备
自定心卡盘扳手	相应车床	1 副/每台机床	考场准备

表 7-5-2　材料准备表

名称	规格	数量	要求
硬铝	ϕ45×90	1 块/每位考生	考场准备

（1）考场准备说明

1）考场面积：每个选手一般不少于 8m^2；

2）每位选手工位面积不少于 4m^2；

3）过道宽度不小于 2m；

4）考场车床数量以 20～40 台为宜；

5）每个工位应配有一个 0.5m^2 的台面供选手摆放工、量、刀具；

6）考场电源功率必须能满足所有设备正常启动工作；

7）考场应配有相应数量的清扫工具；

8）每个考场应配有电刻笔及编号工位。

（2）考场人员配备要求

1）评委人员数量与选手人数之比为 1∶10；

2）每个考场至少配备机修钳工、维修电工、医护人员各 1 名；

3）评委人员、工作人员（机修钳工、维修电工、医护人员）必须提前 30min 到达考场。

2. 考生准备

数控车工操作技能考核模拟五中的准备通知单见表 7-5-3、任务评价表见表 7-5-4。

表 7-5-3 数控车工操作技能考核模拟五——准备通知单

序号	项目	名称	规格	数量	备注
1	量具	游标卡尺	0.02/0～150mm	1	
2		深度游标卡尺	0.02/0～150mm	1	
3		螺纹环规	M20×1.5-8g	1	
4		外径千分尺	0.01/0～25mm	1	
5		外径千分尺	0.01/25～50mm	1	
6		半径样板	R1～R25	1	
7		百分表及表座	0.01/0～3	1 套	
8	刀具	外圆车刀	90°～93°，35°菱形刀片	1	
9		外圆车刀	90°～93°，粗加工	1	
10		外圆切槽刀	3mm 或 4mm	1	
11		外螺纹车刀	螺距 1.5	1	
12	工具	平板锉刀		1	
13		薄铜皮	0.05～0.1mm	若干	
14		磁性表座		1	
15		计算器		1	
16		草稿纸		若干	

表 7-5-4 数控车工操作技能考核模拟五——任务评价表

准考证号：______________ 工件编号：________

零件名称			零件图号		操作人员	完成工时	
序号	鉴定项目及标准			配分	评分标准（扣完为止）	检测结果	得分
1	内外圆	$\phi43$	0	6	超 0.005～0.01 扣 4 分，0.01 以上扣 6 分		
			-0.03				
			$Ra1.6$	2	降一级扣 1 分，降 2 级扣 2 分		
2		$\phi26$	0	6	超 0.005～0.01 扣 4 分，0.01 以上扣 6 分		
			-0.021				
			$Ra1.6$	2	降一级扣 1 分，降 2 级扣 2 分		
3		$\phi22$	0	6	超 0.005～0.01 扣 4 分，0.01 以上扣 8 分		
			-0.03				
			$Ra1.6$	2	降一级扣 1 分，降 2 级扣 2 分		
4		$\phi26$	0	6	超 0.005～0.01 扣 4 分，0.01 以上扣 6 分		
			-0.03				
			$Ra1.6$	2	降一级扣 1 分，降 2 级扣 2 分		

续表

序号	鉴定项目及标准			配分	评分标准（扣完为止）	检测结果	得分
5	内外圆	ϕ24	0	6	超 0.005～0.01 扣 4 分，0.01 以上扣 6 分		
			−0.08				
			*Ra*1.6	2	降一级扣 1 分，降 2 级扣 2 分		
6		ϕ26	+0.06	6	超 0.005～0.01 扣 4 分，0.01 以上扣 6 分		
			+0.03				
			*Ra*1.6	2	降一级扣 1 分，降 2 级扣 2 分		
		ϕ32	0	6	超 0.005～0.01 扣 4 分，0.01 以上扣 6 分		
			−0.03				
			*Ra*1.6	2	降一级扣 1 分，降 2 级扣 2 分		
7	圆弧	*R*3	IT9	3	超差扣 1 分		
8		*R*2	IT9	3	超差扣 1 分		
9	螺纹	M20×1.5-7H	IT9	6	通、止规检测不合格扣 5 分		
10			*Ra*1.6	2	降低一级扣一分		
11	长度	32	+0.05	5	超 0.005～0.01 扣 3 分，0.01 以上扣 5 分		
			−0.05				
12		45	+0.05	5	超 0.005～0.01 扣 3 分，0.01 以上扣 5 分		
			−0.05				
13		87	0.05	5	超 0.005～0.01 扣 3 分，0.01 以上扣 5 分		
			−0.05				
14		12	IT9	3	超差扣 1 分		
15		4	IT9	3	超差扣 1 分		
16		2.5	IT9	3	超差扣 1 分		
17		23	IT9	3	超差扣 1 分		
18		15	IT9	3	超差扣 1 分		
19		5	IT9	3	超差扣 1 分		
20		8	IT9	3	超差扣 1 分		
21	同轴度	0.025		5	超差扣 1 分		
22	倒角		5 处	5	少一处扣 1 分		
23	中心孔		2 个	4	超差扣 2 分		
合计				120			
检验员				记分员			

监考员（签字）：________________　　考评员（签字）：________________

参 考 文 献

彼得·斯密德，2003．数控编程手册[M]．北京：化学工业出版社．

崔兆华，2006．数控车工（中级）[M]．北京：机械工业出版社．

丁昌滔，2008．数控加工编程与CAM[M]．杭州：浙江科学技术出版社．

杜军，李贞惠，唐万军，2019．数控宏程序编程从入门到精通[M]．北京：化学工业出版社．

韩加好，2008．数控编程与操作技术（实训版）[M]．北京：冶金工业出版社．

何贵显，2005．数控车宏程序编程实例精讲[M]．2版．北京：机械工业出版社．

罗学科，张超英，2001．数控机床编程与操作实训[M]．北京：化学工业出版社．

沈建峰，虞俊，2006．数控车工（高级）[M]．北京：机械工业出版社．

徐宏海，2005．数控机床刀具及其应用[M]．北京：化学工业出版社．

许云飞，2008．FANUC系统数控车床编程与加工[M]．北京：电子工业出版社．

叶海见，2011．华中数控系统典型零件数控加工案例集[M]．北京：机械工业出版社．